Sandro Bellini

Teoria dei Fenomeni Aleatori

Società Editrice ESCULAPIO

ISBN 978-88-7488-526-8

Società Editrice Esculapio s.r.l.
Via Terracini, 30 – 40131 Bologna
www.editrice-esculapio.com – info@editrice-esculapio.it

Impaginazione: Gabriella Gatti, Giancarla Panigali e Carlotta Lenzi
Layout Copertina: Gabriella Gatti, Giancarla Panigali e Carlotta Lenzi

Società Editrice
ESCULAPIO

Prefazione

Queste brevi note sono state scritte per gli studenti del corso di Teoria dei fenomeni aleatori da me tenuto per il corso di studio di Ingegneria delle telecomunicazioni presso il Politecnico di Milano. Il materiale qui presentato su probabilità, variabili casuali, processi casuali e stima si trova in testi classici. Lo scopo principale è di fornirne una sintesi, senza che si debba estrarre l'informazione da più fonti e, inevitabilmente, con notazioni diverse.

Il primo capitolo è dedicato alla probabilità ed alle variabili casuali. In molti testi viene dapprima dedicato lungo tempo al caso discreto (le probabilità). Solo successivamente si introducono le variabili casuali discrete. Infine con molta cautela si propongono le variabili casuali continue, le funzioni di distribuzione e le (terribili) densità di probabilità, e ancora si rimanda (come fosse argomento assai difficile) il caso di due o più variabili casuali. A me pare invece che convenga mostrare quanto prima quale debba essere il modo di assegnare le probabilità nel caso delle variabili casuali continue, che ha grande importanza nelle applicazioni ingegneristiche, sfatando subito quell'aura di difficoltà del tutto ingiustificata. Se si è assorbito il concetto di integrale non vi è davvero nessun problema sostanziale. Gli unici inciampi possibili sono formali, e derivano dal non comprendere pienamente la notazione: occorre distinguere tra il risultato numerico dell'esperimento e l'argomento della funzione densità di probabilità. Su questo è davvero opportuno spendere attenzione, perché poi il percorso diventa facile.

La teoria della probabilità fornisce strumenti molto generali per il calcolo. Imparare ad usarli con agilità è certamente un'arte, che richiede predisposizione, fantasia, interesse, curiosità, amore per i problemi matematici. Probabilmente pochi sono destinati a diventare artisti, ma tutti possono essere dei buoni artigiani, e questo è quello che conta per il progresso dell'umanità.

Il secondo capitolo vuole fornire i risultati fondamentali che rendono la teoria delle probabilità un mezzo per fare previsioni affidabili sui risultati di esperimenti casuali. È necessario chiarire che *il risultato del singolo esperimento non è prevedibile* e tuttavia non solo vi sono grandezze medie che è possibile prevedere ma si può anche stimare l'accuratezza di tali previsioni. Con ciò si spera di fare pulizia di (incredibili) false credenze sulla legge dei grandi numeri, ancora diffuse non solo nella popolazione meno acculturata, che fanno rabbrividire chiunque capisca qualcosa di probabilità.

I fondamenti della teoria delle probabilità si possono ritenere a questo punto conclusi. Il terzo capitolo, più breve, introduce i processi casuali, che sono collezioni di infinite variabili casuali. Per la loro trattazione è conveniente introdurre grandezze sintetiche come la funzione di autocorrelazione, mostrandone qualche uso tipico.

Nel quarto capitolo si fornisce una trattazione introduttiva ai problemi di stima dei parametri di una distribuzione e di stima di variabili casuali non osservate sulla base di una o più variabili casuali osservate. Si presentano solo i fondamenti di alcuni tra i numerosi problemi di questa natura.

Nel quinto capitolo si mostra, con semplici esempi, come procedere per simulare con un calcolatore esperimenti casuali allo scopo di misurare probabilità di eventi. Solitamente si ricorre alla simulazione quando non è disponibile il risultato del calcolo. Tuttavia può essere utile provare anche quando la probabilità sia nota, per imparare ad apprezzare meriti e limiti della simulazione. A conclusione del capitolo si fa anche un cenno a tecniche speciali per la simulazione di eventi molto rari.

In una prima lettura può essere conveniente omettere le parti del testo in carattere più piccolo, senza che si perda la continuità del discorso. Si potrà tornare su questi approfondimenti in un secondo tempo.

La collocazione attuale dell'insegnamento nel curriculum di Ingegneria delle telecomunicazioni al Politecnico di Milano è tale che non si possono presumere conoscenze approfondite di analisi matematica né (come sarebbe utile) di teoria dei segnali. Se ad esempio fossero già acquisiti strumenti come la funzione delta, la trasformata di *Fourier* e l'analisi dei sistemi lineari nel dominio del tempo e delle frequenze ne trarrebbero giovamento e arricchimento argomenti come le funzioni di variabili casuali, le funzioni caratteristiche e generatrici dei momenti e i processi casuali. Nel corso delle lezioni si dovrà valutare se sia possibile fornire qualche rapido approfondimento oppure se sia preferibile rinunciare ad alcuni di questi argomenti.

Nonostante quanto appena detto, occasionalmente nel testo ci sono accenni alla funzione delta e alle trasformate di *Fourier* e *Laplace*. Lo scopo è di sollecitare la curiosità del lettore che ancora non disponga di questi strumenti, mostrandogli in anticipo quanto possono essere utili, per invitarlo a eventualmente ritornare su questo testo una volta acquisite queste conoscenze.

Negli esercizi si è cercato di privilegiare l'uso delle metodologie del calcolo delle probabilità mantenendo bassa la complessità matematica. Come sottolineato anche nel testo, vi sono argomenti che poco si prestano alla costruzione di semplici esercizi risolvibili a mano. Ad esempio dopo aver utilizzato i casi più semplici per illustrare la teoria della stima resta poco o nulla da proporre per l'esercitazione individuale[1].

Alcuni esercizi sono messi in evidenza per la loro maggiore complessità. In genere non comportano difficoltà matematiche di livello superiore, ma sono problemi che richiedono maggiore riflessione, attenzione o fantasia.

Di molti esercizi sono forniti i risultati (Appendice A), ed eventualmente anche le soluzioni (Appendice B). Si raccomanda agli studenti di seguire, per quanto possibile, questo percorso:

- provare a risolvere gli esercizi da soli; è la fase in cui si fatica di più, ma anche quella in cui si impara davvero
- controllare i risultati, se disponibili
- se i risultati non concordano, tornare a tentare la soluzione
- se i risultati concordano, passare alla soluzione (quando disponibile)

Anche nell'ultima fase si ha modo di imparare, ad esempio scoprendo vie alternative alla soluzione a cui non si era pensato. È invece poco efficace partire subito dalla soluzione: tutti gli esercizi sembrano più facili di quanto non siano, e in realtà si è imparato molto poco, come si verifica non appena si è soli davanti ad un esercizio nuovo (magari al momento dell'esame).

Precedenti versioni di questo testo, ripetutamente modificate negli anni, sono state disponibili nella pagina web del corso. Le aggiunte per questa edizione sono la sezione 1.1, il quinto capitolo e l'appendice B. Si è anche tentata una accurata revisione globale. Tuttavia residue imprecisioni ed errori sono inevitabili. Spero che a tutti i lettori risulti facile intuire cosa

[1] a meno che si vogliano proporre esercizi più complessi da svolgere numericamente ad esempio utilizzando Matlab

avrei voluto scrivere, e ringrazio in anticipo per segnalazioni di errori o punti oscuri, che saranno considerati in successivi aggiornamenti.

Come tutti i miei lavori dedico anche questo a Ilia, mia moglie.

Sandro Bellini

Indice

1 Probabilità e variabili casuali **1**

1.1 Primi esempi di esperimenti casuali 3

1.2 Teoria della probabilità 8

1.3 Definizioni, terminologia, teoremi elementari 11

1.4 Spazi con un'infinità numerabile di risultati 16

1.5 Spazi con un'infinità non numerabile di risultati 17

1.5.1 Osservazioni sulla notazione 21

1.6 Ancora sulle variabili casuali 22

1.7 Probabilità condizionate, indipendenza statistica 24

1.7.1 Probabilità condizionate 25

1.7.2 Indipendenza statistica 27

1.8 Esempi di calcolo 32

1.9 Regola di *Bayes* 39

1.9.1 Decisione tra più possibili cause 42

1.10 Funzioni di variabili casuali 43

1.11 Esercizi 52

2 Teoremi limite **57**

2.1 Prove ripetute 57

2.2 Misura di una probabilità 64

2.3 Distribuzione di *Poisson* 68
2.3.1 Eventi di *Poisson* 69
2.3.2 Intervallo tra eventi di *Poisson* 71
2.4 Valori medi e legge dei grandi numeri 73
2.4.1 Valore medio di funzioni di variabili casuali 74
2.4.2 Proprietà del valore medio 75
2.4.3 Momenti di variabili casuali 76
2.4.4 Funzione caratteristica e funzione generatrice dei momenti 78
2.4.5 Varianza della somma di variabili casuali incorrelate 81
2.5 Variabili casuali di maggior interesse 81
2.5.1 Distribuzione uniforme 82
2.5.2 Distribuzione esponenziale 82
2.5.3 Distribuzione Laplaciana 83
2.5.4 Distribuzione gaussiana 83
2.5.5 Distribuzione di *Rayleigh* 85
2.5.6 Distribuzione di *Bernoulli* 85
2.5.7 Distribuzione binomiale 86
2.5.8 Distribuzione geometrica 86
2.6 Diseguaglianza di *Chebychev* 87
2.7 Legge debole dei grandi numeri 88
2.8 Legge forte dei grandi numeri 89
2.9 Teorema del limite centrale 90
2.10 Variabili casuali congiuntamente gaussiane 92
2.11 Esercizi 94

3 Processi casuali **105**

3.1 Processi casuali discreti e continui 105

3.2 Descrizione statistica di un processo casuale 106
3.2.1 Osservazioni sulla notazione 107
3.3 Momenti di un processo casuale 107
3.4 Processi casuali stazionari 110
3.4.1 Valore medio e autocorrelazione di processi stazionari 111
3.4.2 Ergodicità in senso lato 112
3.4.3 Ergodicità in senso stretto 113
3.4.4 Esempi di processi casuali 114
3.5 Processi casuali gaussiani 116
3.6 Esercizi 118

4 Introduzione alla stima 121
4.1 Stima di parametri di una distribuzione 121
4.1.1 Media e varianza campionaria 121
4.1.2 Stima di parametri a massima verosimiglianza . . 124
4.2 Stima di variabili casuali 128
4.2.1 Stima a minimo errore quadratico medio 129
4.2.2 Stima lineare a minimo errore quadratico medio . 130

5 Simulazione di esperimenti casuali 137
5.1 Esempi di simulazione 139
5.2 Simulazione di eventi rari 147
5.2.1 Simulazione *importance sampling* 147
5.2.2 Osservazioni finali 153

A Risposte ad alcuni esercizi 155

B Soluzioni di alcuni esercizi 159

Capitolo 1

Probabilità e variabili casuali

Non è agevole spiegare brevemente cosa è la “probabilità”, quali risultati fornisce la teoria, e soprattutto come e quando questi risultati possono essere utilizzati in pratica. Tuttavia il tentativo merita di essere fatto, perché se si riesce ad intuire subito quali grandezze della pratica corrispondono alle entità della teoria, lo svolgersi di quest'ultima risulta certamente più comprensibile.

Per iniziare a comprendere il ruolo della teoria della probabilità può essere utile ricordare da quali motivazioni pratiche sia nata, qualche secolo fa. I primi di cui sia documentato l'interesse per questi problemi sono stati giocatori d'azzardo, seguiti dagli assicuratori sulla vita. Fortunatamente la probabilità ha attirato anche l'attenzione di alcuni dei migliori matematici e ha potuto svilupparsi trovando poi numerosissime applicazioni.

Il professionista del gioco d'azzardo ha esperienza sufficiente per riconoscere nei risultati di esperimenti casuali, come i lanci di monete o di dadi e l'estrazione di carte da un mazzo, una certa regolarità che diviene evidente se il numero di prove è particolarmente elevato. Il risultato del lancio di una moneta, che supponiamo per semplicità bilanciata (o come si usa dire, onesta) non ha nulla di prevedibile. Non è prevedibile in alcun modo neppure la successione di risultati in una sequenza di N lanci, qualunque sia N. Tuttavia se non si è interessati all'esatta sequenza dei risultati ma solo al numero complessivo di teste, indipendentemente dal loro ordinamento, l'esperienza mostra che se N è grande la frequenza delle teste è intorno ad $1/2$.

Nessuno dei primi sperimentatori ha mai pensato che una moneta potesse avere memoria, per compensare esiti non ben bilanciati dei primi lanci con i successivi. Per convincersene basta pensare che si potrebbero lanciare contemporaneamente N monete, e che sarebbe molto sorprendente che le monete si mettessero d'accordo in qualche modo su come dividersi fra teste e croci mentre rimbalzano e rotolano. Non è utile per la comprensione del fenomeno assumere che ci sia una forza che tende a ristabilire e mantenere l'equilibrio dei risultati. È molto meglio cercare una spiegazione più semplice, e la teoria non manca di fornirla. Facendo esplicitamente l'ipotesi che gli esiti dei lanci siano *indipendenti* si dimostra che la frequenza delle teste tende ad un limite per N tendente all'infinito, ed è anzi possibile ottenere utili previsioni su quanto possa discostarsi da tale limite per valori finiti di N.

Il giocatore che faccia del gioco una professione ha bisogno di conoscere queste regolarità, in modo da prevedere il suo guadagno medio e da essere pressoché sicuro che rare sequenze di risultati molto sfavorevoli non lo portino alla rovina. Invece il cliente giocatore occasionale non può fare praticamente nessuna previsione. Può vincere o perdere, e il suo piacere sembra nascere quasi solo dal brivido del rischio.

Ogni tanto un giocatore ottiene una vincita elevata. Il banco paga senza alcuna emozione: sapeva in anticipo che ciò poteva accadere (e sapeva anche con quale probabilità); inoltre la notizia di una buona vincita può attirare altri clienti, aumentando il guadagno medio.

Un professionista deve saper proporre un gioco quasi onesto, in cui la vincita media del banco sia una piccola frazione delle quote giocate. In tal modo non appare subito evidente che il gioco è sfavorevole, e la propensione del cliente occasionale a cercare il colpo di fortuna ne è molto rafforzata. Tutti i luoghi seri in cui si gioca seguono questo principio.

Un piccolo professionista, meno protetto da un enorme capitale che ne impedisce la rovina, può trovare utile inventare giochi in cui a prima vista le probabilità sono addirittura a suo sfavore, se valutate in modo frettoloso. Non manca mai lo sciocco che si affretta a giocare per approfittare del buon cuore di un simile benefattore (e poi impreca alla sfortuna).

Anche chi propone assicurazioni sulla vita deve saper calcolare le probabilità, per ottenere un guadagno stabile e sicuro. Le motivazioni di chi contrae un'assicurazione sono ben diverse da quelle di un giocatore: normalmente non ci si assicura sulla vita per ottenere un guadagno ma per proteggere la propria famiglia da disgrazie che la sconvolgerebbero. Si può quindi essere disposti a lasciare un margine non piccolo all'assicuratore.

Un caso simile è quello delle lotterie in cui giocando una piccola somma si può vincere un premio molto elevato. La disponibilità a partecipare è così ampia che la lotteria può permettersi grandi margini di guadagno.

1.1 Primi esempi di esperimenti casuali

Con l'aiuto di un calcolatore si possono eseguire in tempi molto brevi esperimenti casuali che sarebbero troppo pesanti se eseguiti manualmente, lanciando dadi e monete, estraendo carte, ecc. Vediamo alcuni casi interessanti, per ora limitandoci a osservare i risultati sperimentali. In seguito impareremo ad analizzare anche teoricamente questi esperimenti e ci sarà occasione per confrontare teoria e misure sperimentali.

Esempio 1.1.1. Come già detto, i primi interessati a individuare qualche regolarità nei risultati di esperimenti casuali furono i giocatori. È ancora famoso il problema proposto a Pascal a metà del diciassettesimo secolo dal cavaliere De Méré: è più probabile ottenere un sei entro il quarto lancio di un dado, oppure un doppio sei entro il ventiquattresimo lancio di due dadi? Il giocatore riteneva che le due probabilità dovessero essere uguali, ma le molte prove da lui eseguite sembravano smentire questa previsione.

Per sprecare poco del nostro tempo non lanciamo dadi, ma eseguiamo esperimenti equivalenti con un calcolatore. In Matlab il programma per eseguire 1000 volte quattro lanci di dado e vedere con quale frequenza f si ottiene almeno un sei potrebbe essere[1]:

```
Nprove=1000;
r=ceil(6*rand(4,Nprove));
f=sum(any(r==6))/Nprove
```

[1] Si usa la funzione `rand` per generare una matrice 4×1000 di numeri casuali compresi tra 0 e 1; moltiplicando per 6 e arrotondando all'intero immediatamente superiore si ottengono i sei possibili risultati con uguale frequenza, come avverrebbe lanciando un dado. `any(r==6)` restituisce 1 se c'è almeno un sei nella colonna, e `sum(any(r==6))` conta in quante colonne (su 1000) ciò avviene

Eseguito il programma una sola volta si è ottenuto almeno un sei in 513 casi su 1000, ovvero $f = 0.513$. In dieci esecuzioni del programma si sono avute, successivamente, le frequenze 0.513, 0.529, 0.533, 0.529, 0.504, 0.532, 0.524, 0.506, 0.528, 0.505. Chiaramente non si ha lo stesso numero di successi in ogni blocco di lanci, però una qualche regolarità è evidente. Verrebbe la tentazione di affermare che la frequenza media dei successi è lievemente maggiore di 1/2.

Si ottengono risultati più regolari aumentando il numero delle prove, ad esempio a 10^5. In dieci blocchi di lanci (equivalenti in totale a $4 \cdot 10^6$ dadi lanciati) si sono ottenute le frequenze 0.518, 0.518, 0.516, 0.518, 0.519, 0.516, 0.518, 0.516, 0.519, 0.523.

E con 24 lanci di una coppia di dadi? Sempre con 10^5 esperimenti si è ottenuto: 0.492, 0.490, 0.490, 0.491, 0.493, 0.492, 0.492, 0.494, 0.491, 0.488.

Sembra dunque evidente che le due frequenze non sono uguali. Nel seguito si imparerà a valutare sia il valore medio della frequenza dei successi, sia quanto è da attendere che la frequenza possa scostarsene nel singolo blocco di prove.

Esempio 1.1.2. Si immagini di eseguire molte volte un esperimento casuale che ha successo mediamente una volta ogni dieci (più avanti diremo che la probabilità di successo è 1/10) e di contare quante volte lo si deve eseguire successivamente per ottenere per la prima volta un successo. Può bastare un solo tentativo, possono occorrerne due, tre, ecc.

Anche in questo caso per individuare qualche regolarità nei risultati bisogna provare molte volte, ad esempio 1000. La Fig. 1.1 mostra i risultati sperimentali, piuttosto grezzi ma sufficienti a intuire un andamento simile all'esponenziale. La Fig. 1.2, ottenuta con 10^5 esperimenti, mostra risultati molto più regolari.

È interessante osservare che in un caso, su 10^5 esecuzioni dell'esperimento, sono stati necessari 105 tentativi per ottenere per la prima volta un successo, dopo ben 104 fallimenti. Questo sembrerebbe, ed effettivamente è, assai poco probabile. Tuttavia eseguendo l'esperimento un gran numero di volte anche eventi con probabilità molto bassa hanno modo di verificarsi.

Esempio 1.1.3. Supponiamo che ci venga proposto questo gioco: puntata una quota (che poniamo unitaria) si lanciano tre dadi; si vince 1, 2

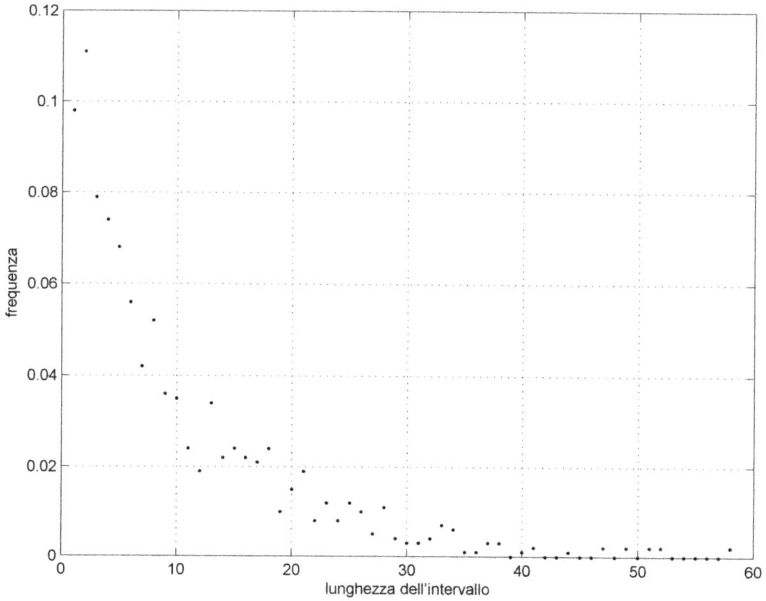

Figura 1.1: Frequenze del numero di tentativi per ottenere per la prima volta un successo (probabilità di successo $p = 0.1$; 1000 prove)

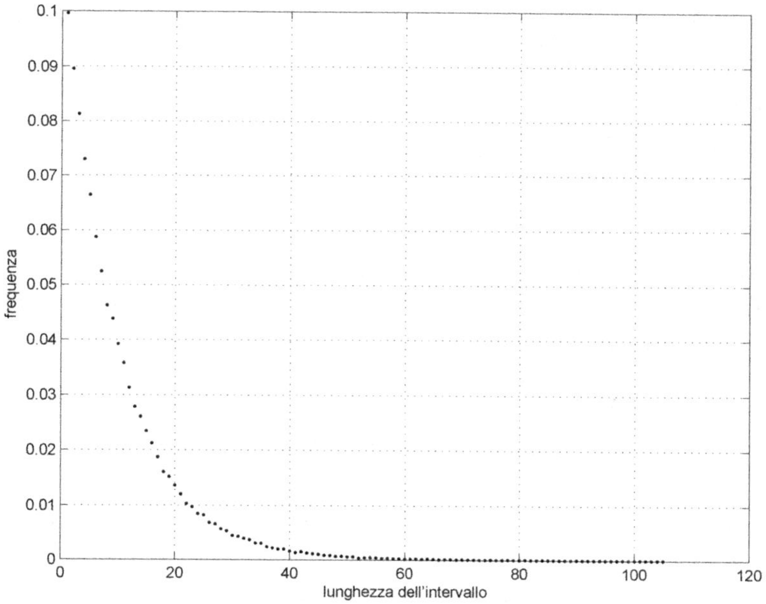

Figura 1.2: Frequenze del numero di tentativi per ottenere per la prima volta un successo (probabilità di successo $p = 0.1$; 10^5 prove)

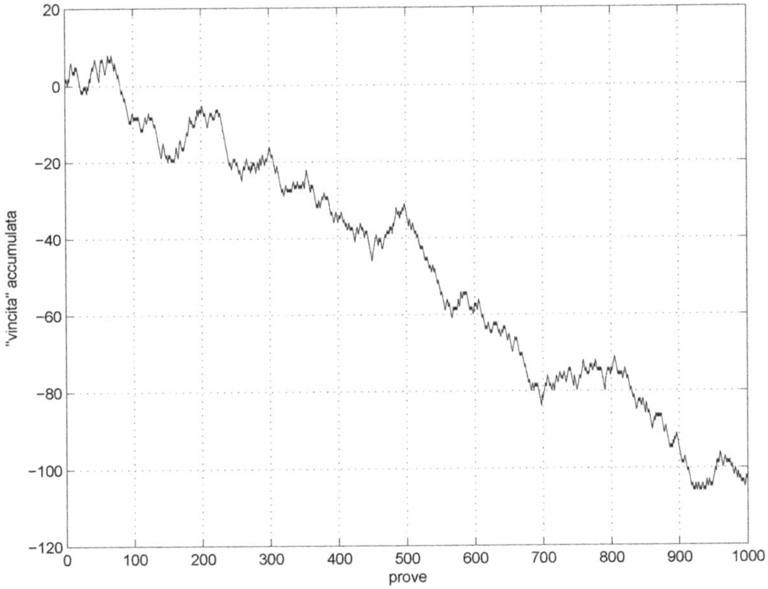

Figura 1.3: Vincita accumulata nel gioco dei tre dadi (1000 prove)

o 3 se si ottengono 1, 2 o 3 sei; altrimenti si perde 1. Chi propone il gioco tenta di farci credere che ci è favorevole. Infatti la probabilità di ottenere sei nel singolo lancio è 1/6, ma si hanno tre possibilità di vincita. Quindi ci lascia credere che vinceremo con probabilità 1/2. Poiché si può vincere 1, 2 o 3 e si può perdere solo 1, ecco che il gioco è conveniente. Proviamo a giocare, ad esempio puntando 1000 volte, e vediamo nella Fig. 1.3 la vincita che via via accumuliamo.

Sorprendentemente scopriamo che la vincita è negativa, cioè che stiamo accumulando una perdita. Evidentemente il calcolo che ci è stato suggerito ha qualche errore.

Esempio 1.1.4. Vediamo infine un altro interessante esperimento, che un calcolatore può eseguire senza difficoltà numerose volte. Si vuole valutare la probabilità di vittoria in un gioco in cui un estraneo prepara 100 biglietti con 100 numeri diversi, positivi o negativi e del tutto sconosciuti; il giocatore estrae un biglietto, legge il numero, ed ha due possibilità: dichiarare che questo è il più grande fra i cento (e vince se è vero), oppure affermare che non lo è ed estrarre un altro biglietto. In mancanza di informazioni sui possibili numeri non si può far di meglio che lasciarne passare N, con N prefissato, tenendo a mente il più grande fra questi,

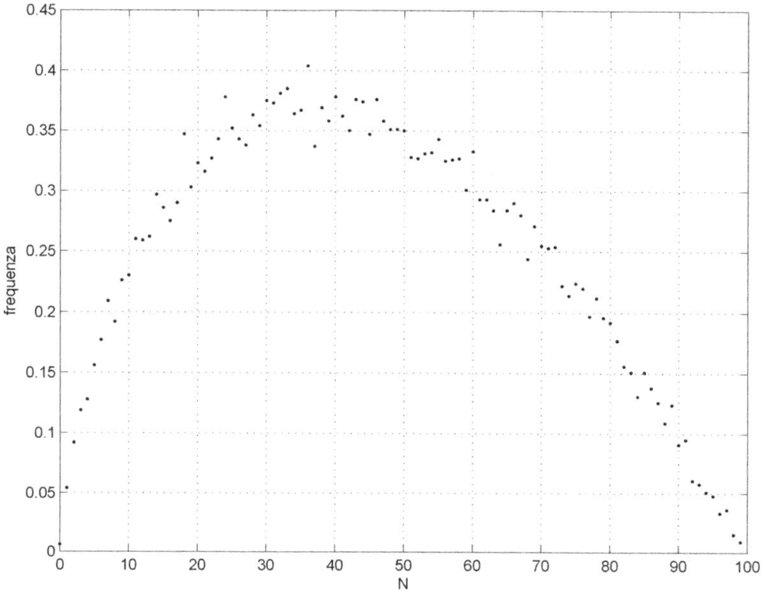

Figura 1.4: Frequenza dei successi nel gioco dei cento biglietti (1000 prove)

e a partire dal successivo scegliere il primo che lo supera, se c'è. Se il numero più grande è già passato non si può più vincere.

Si potrebbe pensare che il valore di N conti poco o nulla, e che la probabilità di vittoria, cioè di indovinare la posizione del massimo fra cento possibili, sia 1/100. Ma così non è. La Fig. 1.4 mostra la frequenza con cui si vince, per N da 0 fino a 99. In totale il gioco è eseguito dal calcolatore 1000 volte per ciascun N (non avremmo la pazienza di provare davvero con i biglietti).

È evidente che valori di N intorno a 35 sono nettamente preferibili a $N = 0$ (in questo caso scegliamo il primo biglietto, concludiamo il gioco in fretta ma vinciamo con piccola probabilità). Se aumentiamo il numero di prove, otteniamo la Fig. 1.5.

I vecchi, sempre un po' noiosi quando offrono consigli ai giovani, direbbero: se vi aspettate di vivere cento anni, fate esperienza per i primi 30-35 anni senza prendere prematuramente decisioni importanti; poi, sulla base di quanto visto fino ad allora sarete in grado di fare le scelte migliori. Davvero noiosi, ma forse non hanno tutti i torti.

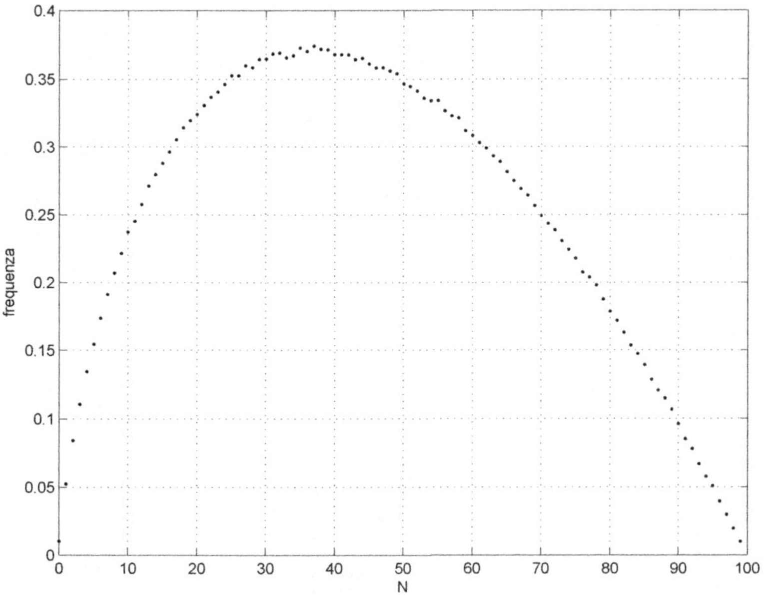

Figura 1.5: Frequenza dei successi nel gioco dei cento biglietti (10^5 prove)

1.2 Teoria della probabilità

La teoria delle probabilità è, in linea di principio e se non si è troppo pignoli, semplice. Ridotta all'osso, sia pure in modo un po' paradossale, consiste in questo: definiti un esperimento ed i suoi possibili risultati casuali si assegna una *misura* (la probabilità) non negativa ad ogni *evento* (un risultato o l'unione di più risultati) in modo che la probabilità della unione di eventi *disgiunti* (cioè che non contengono risultati comuni) coincida con la somma delle relative probabilità. Inoltre si richiede che la probabilità dell'*evento certo* (unione di tutti i possibili risultati) sia unitaria. Questi vincoli corrispondono al desiderio, quando uno stesso esperimento casuale è ripetuto molte volte, di confondere la probabilità di un evento A con la sua *frequenza relativa*, cioè con il rapporto tra il numero di volte in cui si è avuto un risultato contenuto nell'evento A (più brevemente: si è *verificato* l'evento A) ed il numero complessivo di prove. Benché questo rapporto sia ovviamente casuale, potendo cambiare se si ripete il blocco di prove, l'esperienza mostra una certa regolarità della frequenza relativa, tanto migliore quanto più grande è il numero di prove. Assegnando alla probabilità le stesse proprietà della frequenza relativa si ha la speranza, che sarà soddisfatta, di dimostrare teoremi come: al tendere all'infinito del numero delle prove la frequenza relativa di un evento tende alla probabilità dello stesso.

Dunque i dati del problema, ad esempio le probabilità dei risultati elementari se da queste ogni altra probabilità è calcolabile, sono largamente arbitrari per la teoria: dovranno essere scelti in modo da corrispondere alle frequenze relative che si attendono nella pratica per i corrispondenti eventi. Il risultato del calcolo, ad esempio la probabilità di un evento unione di molti risultati, sarà una previsione della frequenza relativa dell'evento stesso.

Riguardo al calcolo, in teoria è del tutto banale: per avere la probabilità di un evento basta scomporlo in unione di eventi disgiunti di cui siano assegnate o facilmente calcolabili le probabilità, e sommarle. Chi sa sommare, cioè utilizzare le proprietà commutativa ed associativa della somma, sa anche calcolare le probabilità. In pratica, il numero dei termini da sommare può essere molto grande, o addirittura infinito. Nei problemi non banali occorre una certa abilità ed esperienza per raccoglierli in modo conveniente.

Tra gli esempi della sezione precedente, riprendiamo il gioco dei cento biglietti, che sembra particolarmente difficile da studiare. Infatti i possibili risultati elementari sono molto numerosi, e solo raccogliendoli in modo conveniente si ottiene il risultato senza troppa fatica.

Avendo deciso di lasciare passare N biglietti, si può perdere in due modi: il più grande fra tutti i numeri è nei primi N; oppure è negli altri $100-N$, ma è preceduto da almeno un altro maggiore dei primi N.

Occorre scegliere anzitutto i risultati elementari a cui assegnare le probabilità, che in questo problema è la parte più difficile. Anche se il gioco solitamente si arresta prima del centesimo, nulla vieta al giocatore di ordinare tutti i biglietti, senza guardarli, prima di iniziare. Si può considerare *risultato elementare* questo ordinamento casuale. L'evento certo è così scomposto in $100! = 9.33 \cdot 10^{157}$ risultati elementari *disgiunti*, quante sono le permutazioni dei cento biglietti. Ora ci prendiamo la responsabilità di assumere che questi risultati siano ugualmente probabili, perché per simmetria non vediamo ragioni perché ciò non sia vero. Si noti che a questo riguardo la teoria non ha nulla da dire: ogni assegnazione di probabilità con somma unitaria è accettabile.

Il calcolo è poi abbastanza semplice: basta individuare i risultati elementari che portano alla vittoria e sommarne le probabilità. Poiché i risultati elementari sono equiprobabili, si tratta in pratica di *contare* quelli favorevoli. Esaminiamo separatamente i 100 casi disgiunti {il più grande dei numeri si trova nell'i-esima posizione} ($i = 1, 2, \ldots, 100$), ciascuno dei quali è composto da 99! risultati elementari. Se i è compreso tra 1 ed N si perde. Se $i = N + 1$ si vince comunque, e ciò fornisce 99! casi favorevoli. Se $i = N + 2$ si vince se e solo se il più grande tra i primi $N + 1$ numeri è tra i primi N: in totale sono $99 \cdot 98 \cdot 97 \ldots \cdot (N + 2) \cdot N \cdot N!$ casi favorevoli, come il lettore può pazientemente verificare pensando in quanti modi favorevoli si possono disporre nell'ordine i biglietti in posizione $100, 99, \ldots, N + 3$ poi il più grande tra i rimanenti in una delle prime N posizioni, infine in ordine qualsiasi i restanti N. Si noti che $99 \cdot 98 \cdot 97 \ldots \cdot (N + 2) \cdot N \cdot N!$ non è altro che $99!\frac{N}{N+1}$.

Ripetendo in modo analogo il conto per $i = N + 3, \ldots, 100$ e sommando si ottiene infine che la probabilità di vittoria è

$$\frac{99! + 99!\frac{N}{N+1} + 99!\frac{N}{N+2} + \ldots + 99!\frac{N}{99}}{100!} = \frac{N}{100} \sum_{k=N}^{99} \frac{1}{k} \qquad (1.1)$$

Questo calcolo insegna che non ci si deve lasciare intimorire dal grande numero di risultati elementari, purché si sappia organizzarli in modo appropriato.

È importante sapersi destreggiare bene con il calcolo combinatorio, come alcuni testi di probabilità lasciano credere? Non quanto generalmente si crede: poco più avanti, dopo aver acquisito gli strumenti fondamentali del calcolo delle probabilità, sarà possibile ottenere la probabilità di vittoria in questo gioco molto più rapidamente, e senza sapere nulla di calcolo combinatorio. Inoltre saper *contare* i risultati favorevoli è utile solo quando questi sono equiprobabili.

I casi più generali, e solitamente più interessanti, sono quelli in cui non si riesce ad individuare risultati elementari *equiprobabili.* Ad esempio se si lancia una moneta truccata, che dà testa più spesso che croce, i risultati possibili sono ancora testa e croce ma una teoria che imponga l'equiprobabilità solo perché i risultati sono due è inutilizzabile. Come altro semplice esempio si consideri la registrazione all'anagrafe di un nuovo nato. Se ci si limita a considerarne il sesso non è il caso di affermare che ci sono due casi possibili e *quindi equiprobabili.* La natura potrebbe non essere d'accordo, ed infatti è noto da secoli che le nascite di maschi sono un po' più frequenti[2].

Tornando al gioco dei numeri il lettore incuriosito che volesse avere rapidamente un'idea di quale è il valore più conveniente di N può approssimare la (1.1) con

$$\frac{N}{100}\int_N^{100}\frac{dx}{x}=\frac{N}{100}\log\frac{100}{N} \tag{1.2}$$

Trattando poi N come una variabile reale anziché intera si ottiene che il massimo si ha per $N = 100/e = 36.8$, e che la probabilità di vittoria è $1/e = 0.368$, sorprendentemente elevata. Dovendo N essere intero sarà $N = 37$, e per questo valore la (1.1) fornisce come risultato 0.371.

Che significato si potrà dare a questo numero? Se il giocatore ripete il gioco molte volte vincerà più o meno nel 37% dei casi, come conferma la Fig. 1.5. Ma quante volte occorre ripetere il gioco perché la previsione del 37% di successi sia affidabile, e che fluttuazioni potrà avere la frequenza delle vittorie? A queste domande si potrà dare risposta più avanti, quando sarà chiara la relazione tra probabilità e frequenze degli eventi.

1.3 Definizioni, terminologia, teoremi elementari

È ora opportuno introdurre alcune definizioni, la terminologia di uso più comune, gli assiomi fondamentali della probabilità e i primi elementari teoremi.

Si indica con *prova*, o *esperimento*, la singola esecuzione dell'esperimento casuale. Si noti che la prova può consistere ad esempio in un singolo lancio di moneta, in cui si considerano possibili i risultati testa e croce, ma può anche consistere nel lancio successivo di dieci monete in cui sono considerati risultati le 2^{10} sequenze di teste e croci. È quindi indispensabile *precisare quale sia l'esperimento* a cui si fa riferimento e quali siano i suoi *risultati*, detti anche *risultati elementari*.

Quando si esegue la prova si ottiene un risultato elementare.

[2]non ci si lasci ingannare dal fatto che nella popolazione vivente prevale il sesso femminile: la maggior durata media della vita compensa il minor numero delle nascite

Sono da guardare con sospetto, anzi di norma da non accettare, descrizioni della prova come "scelto a caso un punto in un cerchio ...": cosa vuol dire? c'è un unico modo casuale di scegliere un punto in un cerchio?

L'insieme S di tutti i possibili risultati elementari è detto *spazio degli eventi*.
Un *evento* è un sottoinsieme dello spazio degli eventi, cioè una qualunque collezione di risultati elementari. In particolare un evento può contenere un solo risultato elementare. In tal caso si lo si chiama anche *evento semplice* o *evento elementare*.
Si dice che l'evento A *si è verificato* se il risultato della prova è contenuto in A.

Ad esempio nel lancio di un dado, in cui i risultati siano le facce numerate da 1 a 6, l'evento $A = \{1, 3, 5\}$ si verifica se il risultato è 1, 3 o 5, ovvero se il risultato è un numero dispari.

Per un armonioso sviluppo della teoria, che è basata sulla teoria degli insiemi, occorre considerare anche l'*evento impossibile* $\emptyset$, cioè l'insieme vuoto che non contiene alcun risultato e quindi non si verifica mai e l'*evento certo* o *spazio degli eventi* S, che contiene tutti i risultati e quindi si verifica sempre.

Se A e B sono eventi anche l'unione di A e B e l'intersezione di A e B sono eventi. Unione e intersezione sono indicati rispettivamente con $A \cup B$ e $A \cap B$, oppure con $A + B$ e AB. L'unione degli eventi A e B si verifica se il risultato appartiene ad A o a B o ad entrambi. L'intersezione si verifica se il risultato appartiene sia ad A sia a B.

Anche il complemento di A, indicato solitamente con $\overline{A}$ è un evento, che si verifica se e solo se non si verifica A.

Si dicono *disgiunti*, o *mutuamente esclusivi*, eventi che hanno intersezione nulla, cioè che non possono verificarsi entrambi nella stessa prova.

Esempio 1.3.1. Nel lancio di una moneta siano testa e croce (per brevità t e c) i risultati. L'insieme di tutti i possibili eventi è molto semplice: è costituito da S=\{t,c\}, $\emptyset$, \{t\} e \{c\}.

Gli assiomi della probabilità, già descritti in precedenza a parole, corrispondono ad evidenti proprietà della frequenza relativa, e sono molto semplici:

- assioma 1: ad ogni evento A è assegnata una probabilità $P(A)$, non negativa
- assioma 2: la probabilità dell'evento certo S vale $P(S) = 1$;
- assioma 3: se l'intersezione $AB = \emptyset$ si ha $P(A+B) = P(A)+P(B)$

È opportuna una osservazione sulla notazione. Nel lancio di una moneta per indicare che il risultato testa ha probabilità 0.5 si può dapprima definire l'evento $A=\{\mathrm{t}\}$ (dove t è abbreviazione di testa) e poi porre $P(A)=0.5$. Poiché $A=\{\mathrm{t}\}$ è ragionevole scrivere, e molti lo accettano, $P(\{\mathrm{t}\})=0.5$, benché questo sia esteticamente poco gradevole a causa delle doppie parentesi. Per evitare doppie parentesi c'è chi scrive $P\{\mathrm{t}\}=0.5$, però con il risultato che una probabilità è indicata a volte con parentesi tonde, come in $P(A)$, a volte con graffe come in $P\{\mathrm{t}\}$. Gli ingegneri scrivono tranquillamente $P(\mathrm{t})=0.5$. Questa notazione è disapprovata dai matematici, perché confonde il risultato t con l'insieme $A=\{\mathrm{t}\}$ che contiene quel risultato. Ma l'ingegnere pensa che l'importante è che la notazione sia semplice e non ambigua, e che $P(\mathrm{t})$ non può avere altro significato che probabilità di testa.

Per avere una assegnazione delle probabilità degli eventi congruente, cioè rispettosa dei tre assiomi, non è strettamente indispensabile assegnare le probabilità a tutti i risultati elementari. Ad esempio un esperimento in cui sia previsto il lancio di un dado potrebbe proseguire in modi diversi a seconda che il risultato sia 6 oppure diverso. Possiamo considerare risultati elementari le facce da 1 a 6 ma ci è sufficiente assegnare le probabilità solo agli eventi $A=\{6\}$, $B=\{1,2,3,4,5\}$, S e $\emptyset$, rinunciando a suddividere $P(B)$ tra i cinque risultati contenuti in B: questi potrebbero anche non essere equiprobabili, ma a noi interessa solo la somma delle loro probabilità. Ovviamente otteniamo lo stesso scopo, in modo più semplice, considerando risultati elementari solo A e B.

I primi teoremi della teoria delle probabilità sono semplici applicazioni della teoria degli insiemi, che ogni lettore può facilmente verificare:

- ogni evento A ha probabilità $P(A) \leq 1$ (infatti basta osservare che $A + \overline{A} = S$, che A e $\overline{A}$ sono disgiunti e che $P(S) = 1$)
- l'evento vuoto $\emptyset$ ha probabilità nulla (come sopra, con $A = \emptyset$)

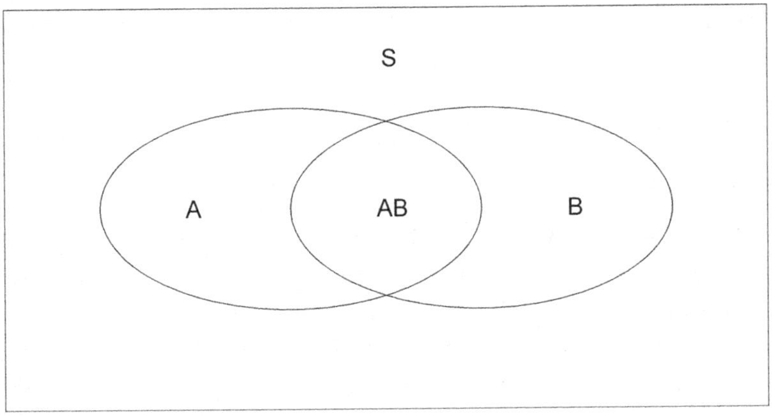

Figura 1.6: Unione degli eventi A e B scomposta in tre eventi disgiunti

- la probabilità dell'unione di due eventi A e B non disgiunti è data da $P(A+B) = P(A)+P(B)-P(AB)$ (basta scrivere $A+B$ come somma di tre eventi disgiunti: $A\overline{B} + AB + \overline{A}B$; la Fig. 1.6, in cui si devono immaginare le regioni disegnate come contenitori di risultati elementari, chiarisce che non si deve sommare due volte[3] $P(AB)$)

- come semplice corollario, la probabilità dell'unione di due eventi A e B è minore o uguale alla somma delle probabilità $P(A)+P(B)$ (ed è uguale solo se gli eventi sono disgiunti); si estende facilmente il risultato all'unione di un numero qualsiasi di eventi; naturalmente può accadere che la somma delle probabilità sia maggiore di 1, e che quindi il risultato sia inutile: solitamente lo si usa per eventi con probabilità molto piccola. Ad esempio se $P(A) = P(B) = P(C) = 0.5$ si ottiene $P(A+B+C) \leq 1.5$, ben poco utile; ma se $P(A) = P(B) = P(C) = 10^{-3}$ si ottiene $P(A+B+C) \leq 3 \cdot 10^{-3}$, che potrebbe essere di qualche utilità

Volendo mantenere consistente la notazione si dovrebbe indicare la probabilità dell'intersezione AB (o $A \cap B$) con $P(AB)$ oppure $P(A \cap B)$. Tuttavia è molto più diffusa, e come si vedrà più avanti anche più comoda, la notazione $P(A, B)$.

[3] per rendersi immediatamente conto che in generale non può sempre essere $P(A+B) = P(A) + P(B)$ basta pensare che la somma potrebbe dare risultato maggiore di uno

La probabilità che si verifichino sia A sia B (tale è il significato dell'intersezione) viene detta *probabilità congiunta* degli eventi A e B. Ovviamente l'intersezione di B con A coincide con quella di A e B, e quindi $P(A, B) = P(B, A)$.

Analogamente spesso si indica la probabilità dell'unione con $P(A \text{ o } B)$, e si legge: probabilità di A o B. Dunque

$$\boxed{P(A \text{ o } B) = P(A) + P(B) - P(A, B)} \tag{1.3}$$

Ovviamente $P(A \text{ o } B) = P(B \text{ o } A)$. Applicando due volte il teorema precedente si ha anche la formula, di uso meno frequente,

$$\begin{aligned} P(A \text{ o } B \text{ o } C) &= P(A) + P(B) + P(C) + \\ &- P(A, B) - P(A, C) - P(B, C) + P(A, B, C) \end{aligned} \tag{1.4}$$

che è ulteriormente generalizzabile.

È anche facile verificare che se $A \supset B$ si ha $P(A) \geq P(B)$.

Infine, se i risultati elementari sono n in totale e sono tra loro equiprobabili, la probabilità di un evento A composto da n_A di questi è $P(A) = n_A/n$.

Quest'ultima proprietà è stata a lungo considerata *definizione* di probabilità[4], ma poi abbandonata per tre gravi inconvenienti:

- è una definizione di probabilità basata sulla nozione di equiprobabilità, cioè è una definizione circolare
- sono facilmente costruibili problemi in cui solutori diversi possono ritenere equiprobabili insiemi diversi di eventi, non compatibili fra loro; e, come risultato di queste diverse scelte, le risposte al problema sono diverse
- la teoria così costruita non sa cosa dire di fronte a problemi anche semplici che coinvolgano ad esempio lanci di una moneta truccata, in cui testa e croce non siano equiprobabili

[4]oggi viene chiamata benevolmente *definizione classica* di probabilità, in onore ai grandi matematici del passato che ne hanno fatto uso

Un'altra definizione di probabilità tentata nel passato è quella *frequentista*, che volendo sottolineare la corrispondenza tra probabilità e frequenza relativa *definisce* la probabilità di un evento come

$$P(A) = \lim_{N \to \infty} \frac{N_A}{N} \tag{1.5}$$

dove N è il numero complessivo di prove e N_A è il numero di prove in cui si è verificato l'evento A. Tale definizione è chiaramente arbitraria, perché nulla garantisce che il limite esista. È evidentemente preferibile che l'interpretazione frequentista della probabilità sia frutto di un teorema anziché di una definizione.

Prima di procedere osserviamo che non c'è differenza di principio tra esperimenti con dadi che abbiano facce numerate oppure colorate. In entrambi i casi le probabilità dei sei risultati consentono di calcolare quelle di tutti gli insiemi di risultati. Tuttavia se il risultato è esprimibile con un numero si possono fare operazioni aritmetiche sui risultati di più lanci: somma dei risultati, media dei risultati, ecc. (mentre non si possono sommare o mediare colori). Se il risultato è numerico si usa dire che l'esperimento produce una *variabile casuale* (in questo caso *discreta*, potendo avere solo sei valori distinti).

1.4 Spazi con un'infinità numerabile di risultati

Poiché è necessario considerare anche spazi degli eventi con infiniti risultati, occorre estendere la validità dell'assioma 3 all'unione di una infinità numerabile di eventi. Naturalmente le probabilità dovranno essere assegnate in modo che la somma delle probabilità non superi mai l'unità.

Si consideri ad esempio un esperimento casuale in cui si lanciano due dadi, proseguendo fino a quando per la prima volta si ottiene un doppio sei. Il risultato a cui si è interessati è il numero dei lanci. Non è invece di alcun interesse la sequenza completa dei risultati dei lanci.

Non si vuole qui tentare di calcolare la probabilità degli eventi A_k=\{si ottiene per la prima volta un doppio sei al k-esimo lancio\}, di cui ci si occuperà più avanti. Si vuole solo sottolineare che k è un intero positivo qualsiasi, e che quindi sono in numero infinito gli eventi disgiunti A_k che si suddividono la probabilità unitaria dell'evento certo. Le probabilità, qualunque esse siano, dovranno dunque soddisfare il vincolo

$$\sum_{k=1}^{\infty} P(A_k) = 1 \tag{1.6}$$

e ciò richiede che $P(A_k)$ tenda a zero per k tendente all'infinito in modo sufficientemente rapido da far convergere la serie.

Osserviamo che anche in questo caso considerando come risultato dell'esperimento il numero dei lanci si ottiene una variabile casuale (discreta, ma che può avere infiniti valori).

1.5 Spazi con un'infinità non numerabile di risultati

Gli spazi in cui i risultati sono equiprobabili (e quindi trattabili anche con la definizione classica di probabilità) hanno una semplice generalizzazione al caso di infiniti risultati, quando il risultato dell'esperimento è un numero reale (che verrà detto *variabile casuale*, o anche *variabile aleatoria* o *variabile stocastica*), oppure una N-pla di numeri reali, rappresentabile con un punto nello spazio ad N dimensioni (ed in tal caso si parlerà di N variabili casuali o di un *vettore casuale*).

Si consideri l'esperimento casuale in cui una macchina sceglie un punto su una circonferenza di lunghezza L, senza favorirne alcuno: ad esempio percorre la circonferenza a velocità costante e viene fermata da un passante ignaro, invitato a premere un bottone. Il risultato dell'esperimento è il numero reale X coordinata del punto sulla circonferenza $(0 \leq X < L)$. È ragionevole assumere

$$P(a \leq X \leq b) = \frac{b-a}{L} \qquad 0 \leq a \leq b < L \tag{1.7}$$

cioè che la *misura* probabilità sia proporzionale alla misura geometrica. In questo caso lo spazio dei risultati è detto *uniforme*, o *equiprobabile*; ed è ovvia la generalizzazione a più dimensioni, casi in cui la misura geometrica sarà un'area, un volume, ecc.

Si noti bene che la (1.7) non è affatto vera per definizione: è solo una ragionevole assegnazione di probabilità, delle cui conseguenze si sarà comunque responsabili.

Si osservi che ponendo $b = a$ si ottiene, per ogni a,

$$\boxed{P(X = a) = 0} \tag{1.8}$$

cioè *tutti i risultati hanno probabilità nulla*, pur non essendo ovviamente impossibili[5]. Analogamente l'evento $\{X \text{ è un numero razionale}\}$ ha probabilità nulla pur essendo composto da infiniti risultati. Infatti è noto che è nulla la misura del corrispondente insieme di punti. Né potrebbe essere diversamente: infatti i razionali sono numerabili, e sommando le loro probabilità (tutte nulle) si ottiene risultato nullo. L'insieme dei reali invece non è numerabile. Non c'è quindi nulla di incongruente nel fatto che sia $P(X = a) = 0$ per ogni a, ma $P(0 \leq X < L) = 1$. Infatti non è lecito affermare che $P(0 \leq X < L)$ si deve ottenere sommando infinite volte zero.

Ad ogni modo conoscere le probabilità, tutte nulle, di tutti i risultati non serve a nulla. Occorre una diversa assegnazione (congruente) di probabilità, come la (1.7).

Si immagini ora che la macchina percorra la circonferenza a velocità variabile, in modo periodico. Ancora si ha $P(X = a) = 0$, cioè tutti i risultati sono equiprobabili, se per risultato intendiamo il numero reale X. D'altra parte non possiamo né vogliamo dire che lo spazio sia uniforme. Invece di insistere a considerare l'evento $\{X = a\}$, si consideri l'evento, ad esso equivalente ad ogni scopo pratico, $\{a < X \leq a+dx\}$, con $dx > 0$. Questo avrà probabilità infinitesima, ma non nulla. La disuniformità dei risultati apparirà evidente se, confrontando gli infinitesimi, risulta

$$P(a < X \leq a + dx)) \neq P(b < X \leq b + dx) \tag{1.9}$$

Dunque per una generica variabile casuale X una significativa assegnazione di probabilità consiste nel dare la funzione[6]

$$\boxed{f_X(x) = \frac{P(x < X \leq x + dx)}{dx}} \tag{1.10}$$

[5]osserviamo anche che $P(X \neq a) = 1$, da cui si vede che l'evento con probabilità 1 può non essere certo.

[6]nella letteratura anglosassone, soprattutto nelle applicazioni ingegneristiche, viene più spesso indicata con $p_X(x)$

per ogni possibile valore dell'argomento x.

La funzione $f_X(x)$ viene detta *densità di probabilità*, spesso abbreviato in *ddp*, o *densità*. In questo caso si tratta di una probabilità per unità di lunghezza. Si noti bene che *la densità di probabilità non è una probabilità*, ma lo diventa se moltiplicata per dx.

In un generico esperimento che produce una variabile casuale non c'è ovviamente la limitazione $0 \leq X < L$ e quindi si dovrà dare la densità di probabilità per ogni possibile valore del risultato.

L'assioma 3 diventa

$$\boxed{P(a < X \leq b) = \int_a^b f_X(x)dx \qquad b \geq a} \tag{1.11}$$

da cui si vede anche come calcolare la probabilità che X appartenga all'unione di un numero di intervalli qualsiasi.

Il motivo per cui nella definizione di densità di probabilità si preferisce considerare l'evento $\{x < X \leq x+dx\}$ anziché $\{x \leq X \leq x+dx\}$ è che si ottiene il segmento $(a, b]$ accostando intervalli di questo tipo[7] quando si calcola $P(a < X \leq b)$. Questa precauzione è del tutto irrilevante finché $P(X = x) = 0$ per ogni x: si potrebbe definire la *ddp* come

$$f_X(x) = \frac{P(x \leq X \leq x + dx)}{dx} \tag{1.12}$$

Condizioni per la congruenza dell'assegnazione di probabilità tramite una *ddp* sono

$$\boxed{f_X(x) \geq 0 \qquad \text{per ogni } x} \qquad \text{(assioma 1)} \tag{1.13}$$

e

$$\boxed{\int_{-\infty}^{\infty} f_X(x)dx = 1} \qquad \text{(assioma 2)} \tag{1.14}$$

Qualsiasi densità è non negativa, ed ha integrale unitario. Nella normale teoria delle variabili casuali non è ammesso che X valga $-\infty$ o $+\infty$ con probabilità maggiore di zero. Sono tuttavia possibili generalizzazioni, che non saranno considerate in questo testo.

[7] alcuni preferiscono $\{a \leq X < a + dx\}$ e $P(a \leq X < b)$, ma in pratica ciò non comporta alcuna differenza

Un modo alternativo per assegnare le probabilità è considerare gli eventi $\{X \leq a\}$, per ogni a, e dare la *funzione di distribuzione*[8] o più semplicemente *distribuzione* (i matematici solitamente la chiamano *funzione di ripartizione*)

$$\boxed{F_X(a) = P(X \leq a)} \tag{1.15}$$

per ogni valore dell'argomento a. L'assioma 3 impone che sia

$$\boxed{P(a < X \leq b) = F_X(b) - F_X(a) \qquad b \geq a} \tag{1.16}$$

e le condizioni per la congruenza sono (assioma 1)

$$\boxed{F_X(b) \geq F_X(a) \qquad b \geq a} \tag{1.17}$$

e (assioma 2)

$$\boxed{F_X(\infty) = 1} \tag{1.18}$$

e si ha anche $F_X(-\infty) = 0$. Qualsiasi funzione di distribuzione parte da 0 ed arriva ad 1 in modo monotono non decrescente. È poi immediato verificare che

$$\boxed{F_X(x) = \int_{-\infty}^{x} f_X(x)\, dx} \tag{1.19}$$

e che

$$\boxed{f_X(x) = \frac{dF_X(x)}{dx}} \tag{1.20}$$

È quindi agevole passare dall'una all'altra descrizione.

Si può anche immaginare una diversa legge del moto per la macchina che sceglie casualmente un punto: ad ogni ciclo resta ferma per un tempo fisso in $X = a$. Ora l'evento $\{X = a\}$ ha probabilità non nulla, e la funzione di distribuzione è discontinua (a sinistra) in a. Infatti, indicando con $F_X(a^-)$ il limite a sinistra in a, si ha

$$F_X(a) - F_X(a^-) = P(X \leq a) - P(X < a) = P(X = a) \neq 0 \tag{1.21}$$

Anche in questo caso non si vorrebbe rinunciare alla descrizione mediante la densità di probabilità. Per questo scopo occorre definire in qualche modo la

[8] si vive bene anche senza la funzione di distribuzione; l'autore di queste note ha ben presente un ottimo libro in cui non viene neppure definita; nei pochi casi in cui serve è semplicemente indicata con $P(X \leq a)$

derivata di funzioni con discontinuità a scalino. La matematica offre questo strumento, attraverso la *funzione impulsiva*, detta anche *impulso* o *funzione delta*[9]. Derivando $F_X(x)$ anche in $X = a$ vi si ottiene un impulso di area pari all'ampiezza dello scalino, cioè un termine $P(X = a)\,\delta(x - a)$.

Infine è ovviamente possibile che la densità sia costituita solo da impulsi. Si parlerà di variabili casuali "continue", "miste" e "discrete" nei tre casi, rispettivamente.

1.5.1 Osservazioni sulla notazione

Conviene mettere in rilievo quanto prima che vi possono essere alcune difficoltà formali da superare. Osserviamo anzitutto che è consuetudine ormai da tempo affermatasi che *tutte* le densità di probabilità e le funzioni di distribuzione vengano indicate con la stessa lettera, ad esempio f ed F. Occorre quindi un pedice per specificare di quale variabile casuale si tratti. Tuttavia quando non c'è alcuna ambiguità, perché c'è una sola variabile casuale o è comunque chiaro quale sia la variabile, si può tranquillamente scrivere $f(x)$ e $F(x)$. In qualche caso persino in presenza di due diverse variabili casuali X ed Y si abbrevia la notazione scrivendo $f(x)$ ed $f(y)$ anziché $f_X(x)$ ed $f_Y(y)$. Risulterebbe però ambiguo scrivere $f(a)$, e quindi bisogna precisare.

La convenzione di indicare le variabili casuali con lettere maiuscole e l'argomento di *ddp* e distribuzioni con la corrispondente minuscola non è condivisa da tutti. Non pochi preferiscono indicare con minuscole le variabili casuali (ad esempio x) e con maiuscole gli argomenti (e dunque $f_x(X)$). Alcuni conservano le minuscole per gli argomenti ma indicano le variabili casuali con lettere minuscole in grassetto ($\mathbf{x}$, e quindi $f_{\mathbf{x}}(x)$), e altri con la corrispondente lettera greca (ξ, e quindi $f_\xi(x)$).

Il motivo di tanta varietà di notazione è che nessuna di queste soluzioni è pienamente soddisfacente. Infatti

- indicare grandezze variabili con lettere maiuscole è contrario alla consuetudine in ogni settore ingegneristico di usare lettere minuscole per le grandezze variabili e maiuscole per le costanti

[9]senza entrare in dettagli, la proprietà che definisce la funzione delta è la seguente: $\int_a^b \delta(x - x_0) g(x)\,dx = g(x_0)$ se $g(x)$ è una funzione continua in x_0 e x_0 è compreso tra a e b; altrimenti il risultato è nullo

- anche l'analisi matematica ci ha abituato a indicare con lettere minuscole gli argomenti delle funzioni, proprio perché variabili; usare le maiuscole produce formule dall'aspetto inconsueto
- indicare le variabili casuali in grassetto minuscolo non è una scelta molto felice, sia perché di solito il grassetto minuscolo è riservato ai vettori (e il maiuscolo alle matrici) sia perché è molto scomodo quando si scrive a mano
- la corrispondenza tra le lettere latine e le greche non è affatto ovvia: anche chi conosce l'alfabeto greco è a disagio nel dire cosa corrisponde a (tutte) le usuali x, y, u, v, z; si finisce per usare un sottoinsieme di simboli molto povero
- una soluzione parziale è usare le lettere minuscole per gli argomenti delle funzioni ed evitare il più possibile di indicare i pedici (e questo spesso è possibile); però occorre evitare anche il più possibile di indicare esplicitamente la variabile casuale (e questa è davvero un'acrobazia: invece di dire "la probabilità che X ..." si cercherà di dire "la probabilità che il risultato del nostro esperimento ...")

Ecco perché quando si sia acquisita sufficiente pratica può persino diventare comoda la notazione (molto) disinvolta che fa svolgere ad x due ruoli: variabile casuale ed argomento della densità o della distribuzione, scrivendo ad esempio $f_x(x)$ e quindi

$$P(a < x \leq b) = \int_a^b f_x(x)dx \tag{1.22}$$

Quello che proprio non si può scrivere è

$$f_x(x) = \frac{P(x < x \leq x + dx)}{dx} \tag{1.23}$$

Deve quindi essere ben chiaro cosa è una densità, senza bisogno di *scrivere* quest'ultima orribile espressione. Si tenga presente che prima o poi si arriva a queste licenze, ma non è certo il caso di farlo fin dall'inizio.

1.6 Ancora sulle variabili casuali

Non di rado i risultati dell'esperimento a cui vengono assegnate le probabilità non sono grandezze numeriche, ma si è tuttavia interessati ad un numero funzione del risultato. Ad esempio: si lancia N volte una moneta e si considera *risultato* la sequenza di teste e croci ottenute, ed a queste sequenze si assegnano le probabilità. Tuttavia si è anche interessati al numero di teste ottenute, oppure alla posizione della prima testa, o ancora al massimo numero di teste consecutive. Gli esempi possibili sono innumerevoli. Si chiamerà ancora *variabile casuale* questa grandezza numerica, *funzione* del risultato casuale dell'esperimento. La corrispondente distribuzione o densità potranno essere calcolate conoscendo le probabilità dei risultati non numerici.

Un'altra situazione molto comune è quella in cui un esperimento casuale produce una variabile casuale X, e da questa viene ottenuta attraverso la funzione $Y = g(X)$ la variabile casuale Y. Quest'ultima variabile è casuale, pur essendo ottenuta in modo deterministico da X, perché è casuale l'argomento X della funzione.

Dalla *ddp* $f_X(x)$ oppure dalla distribuzione $F_X(x)$ si potranno calcolare, quando occorre, $f_Y(y)$ e $F_Y(y)$, come si vedrà più avanti.

Se un esperimento casuale produce N variabili casuali $X_1, \ldots, X_N$ si potrà assegnare la *densità congiunta*

$$f_{X_1 \ldots X_N}(x_1, \ldots, x_N) = \\ = \frac{P(x_1 < X_1 \leq x_1 + dx_1, \ldots, x_N < X_N \leq x_N + dx_N)}{dx_1 \cdots dx_N} \tag{1.24}$$

La probabilità che il punto di coordinate $X_1, \ldots, X_N$ appartenga ad una regione R dello spazio ad N dimensioni si calcolerà mediante l'integrale multiplo (assioma 3)

$$\boxed{P(X_1, \ldots, X_N \in R) = \int \cdots \int_R f_{X_1 \ldots X_N}(x_1, \ldots, x_N) dx_1 \cdots dx_N} \tag{1.25}$$

L'assegnazione (1.24) sarà congruente se soddisfa l'assioma 1

$$\boxed{f_{X_1 \ldots X_N}(x_1, \ldots, x_N) \geq 0} \tag{1.26}$$

e l'assioma 2

$$\boxed{\int_{-\infty}^{\infty} \cdots \int_{-\infty}^{\infty} f_{X_1 \ldots X_N}(x_1, \ldots, x_N) dx_1 \cdots dx_N = 1} \tag{1.27}$$

Non c'è difficoltà nel definire la *distribuzione congiunta*

$$F_{X_1 \dots X_N}(x_1, \dots, x_N) = P(X_1 \leq x_1, \dots, X_N \leq x_N) \tag{1.28}$$

funzione monotona non decrescente rispetto a tutte le variabili. Tuttavia un po' di pratica mostra che in genere la distribuzione congiunta risulta assai poco conveniente per il calcolo di $P(X_1, \dots, X_N \in R)$, salvo che per regioni R molto semplici.

Tuttavia le due descrizioni sono equivalenti. Infatti è immediato verificare che

$$\boxed{F(x_1, \dots, x_N) = \int_{-\infty}^{x_1} \cdots \int_{-\infty}^{x_N} f(x_1, \dots, x_N) dx_1 \cdots dx_N} \tag{1.29}$$

dove per semplificare la notazione si sono sottintesi i pedici, e che

$$\boxed{f(x_1, \dots, x_N) = \frac{\partial^N F(x_1, \dots, x_N)}{\partial x_1 \cdots \partial x_N}} \tag{1.30}$$

1.7 Probabilità condizionate, indipendenza statistica

Prima di dedicarsi al calcolo delle probabilità è opportuno procurarsi alcuni importantissimi strumenti, senza i quali quasi tutto risulta troppo difficile. Si desideri calcolare la probabilità $P(A)$ di un generico evento. L'evento certo S può essere scomposto, solitamente in un gran numero di modi, in unione di eventi disgiunti B_i, aventi probabilità non nulla. Poiché, come si vede dalla Fig. 1.7,

$$A = AB_1 + AB_2 + \ldots + AB_i + \ldots \tag{1.31}$$

dove $AB_1, AB_2, \dots, AB_i \dots$ sono disgiunti (ed eventualmente vuoti), risulta

$$\boxed{P(A) = \sum_i P(A, B_i)} \tag{1.32}$$

dove la somma è estesa a tutti gli eventi B_i, in numero anche infinito purché numerabili.

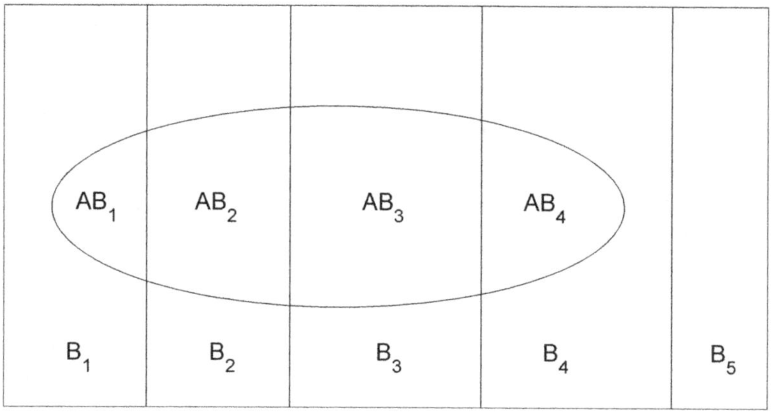

Figura 1.7: Scomposizione dell'evento A in unione di eventi disgiunti AB_i

Tale formula a prima vista sembra del tutto banale, ma è di grande utilità. Basta pensare che essa corrisponde ai vari modi di raccogliere i termini da sommare nel calcolo di $P(A)$. La sua forza, ma anche la difficoltà nel suo uso, derivano dalla sua generalità. L'evento certo infatti si lascia scomporre in somma di eventi disgiunti in un gran numero di modi. Per la gran parte di questi non risulta semplice calcolare le $P(A, B_i)$, e dunque la scomposizione non risulta utile, ma con opportune scelte dei B_i il calcolo di $P(A)$ può essere molto semplificato. Il lettore potrà convincersene solo con esempi, che si vedranno tra non molto.

1.7.1 Probabilità condizionate

Conviene rimandare ancora per un po' gli esempi di calcolo delle probabilità per fermarsi ad osservare che, fissato un evento qualsiasi B con probabilità non nulla, il rapporto

$$\frac{P(A,B)}{P(B)} \tag{1.33}$$

soddisfa i tre assiomi sulla probabilità. Infatti per ogni A sono soddisfatti l'assioma 1

$$\frac{P(A,B)}{P(B)} \geq 0 \tag{1.34}$$

l'assioma 2 (l'intersezione di S e B è uguale a B)

$$\frac{P(S,B)}{P(B)} = \frac{P(B)}{P(B)} = 1 \tag{1.35}$$

e, per eventi qualsiasi A_1 e A_2 disgiunti, l'assioma 3 (l'intersezione di $A_1 + A_2$ con B è uguale all'unione di A_1B e A_2B)

$$\frac{P(A_1 + A_2, B)}{P(B)} = \frac{P(A_1, B)}{P(B)} + \frac{P(A_2, B)}{P(B)} \tag{1.36}$$

Dunque $P(A,B)/P(B)$ ha ogni diritto di essere considerata una probabilità. Ma di quale probabilità si tratta? Tra i risultati che compongono l'evento A sono rilevanti solo quelli che appartengono anche a B, poiché a numeratore si ha l'intersezione di A con B. Inoltre l'evento B può sostituire l'evento certo, dal momento che

$$\frac{P(B,B)}{P(B)} = 1 \tag{1.37}$$

Le probabilità $P(A,B)/P(B)$ sono quelle relative all'esperimento *condizionato* dall'evento B: lo spazio S degli eventi dell'esperimento originale viene ridotto a B; tutti i risultati non appartenenti a B sono ignorati; le probabilità sono rinormalizzate dividendo per $P(B)$, in modo che la loro somma sia unitaria e che B risulti l'evento certo. È come se l'esperimento originale venisse considerato validamente eseguito solo se il risultato appartiene a B, cioè se si verifica B.

L'interpretazione classica, valida nel caso di n risultati equiprobabili, è la seguente: $P(B) = n_B/n$, $P(A,B) = n_{AB}/n$ e quindi

$$\frac{P(A,B)}{P(B)} = \frac{n_{AB}/n}{n_B/n} = \frac{n_{AB}}{n_B} \tag{1.38}$$

è il rapporto tra il numero dei risultati contenuti nell'intersezione tra A e B e il numero di risultati contenuti in B.

L'interpretazione frequentista è la seguente: se per N sufficientemente grande è lecito confondere $P(B)$ con N_B/N e $P(A,B)$ con N_{AB}/N si ha

$$\frac{P(A,B)}{P(B)} = \frac{N_{AB}/N}{N_B/N} = \frac{N_{AB}}{N_B} \tag{1.39}$$

dove si vede che possono essere escluse dal computo tutte le prove in cui non si verifica B.

Alle probabilità dell'esperimento condizionato si dà il nome di *probabilità condizionate*; si scrive[10]

$$\boxed{P(A|B) = \frac{P(A,B)}{P(B)}} \tag{1.40}$$

e si legge: probabilità di A condizionata a B, o anche probabilità di A dato B.

Esempio 1.7.1. Nel lancio di un dado truccato le sei facce hanno probabilità 0.4, 0.2, 0.1, 0.1, 0.1 e 0.1. Le probabilità condizionate ad un risultato pari sono $P(2|\text{pari}) = 0.5$, $P(4|\text{pari}) = P(6|\text{pari}) = 0.25$ e $P(1|\text{pari}) = P(3|\text{pari}) = P(5|\text{pari}) = 0$. Il risultato più probabile nell'esperimento non condizionato ha probabilità nulla in quello condizionato.

La (1.40) è la *definizione* di probabilità condizionata, ma è molto spesso utilizzata per calcolare la probabilità congiunta:

$$\boxed{P(A,B) = P(A|B)P(B)} \tag{1.41}$$

Esprimendo in questo modo le probabilità $P(A, B_i)$ nella (1.32) si ottiene

$$\boxed{P(A) = \sum_i P(A|B_i)P(B_i)} \tag{1.42}$$

L'importanza di questa formula, che qualcuno chiama *teorema della probabilità totale*, deriva dal fatto che ai fini del calcolo di $P(A)$ gli esperimenti condizionati agli eventi B_i possono risultare più semplice dell'esperimento originale, con un'opportuna scelta dei B_i.

1.7.2 Indipendenza statistica

In generale una probabilità condizionata $P(A|B)$ è *diversa* dalla probabilità $P(A)$ non condizionata. Si pensi ad esempio a casi in cui gli eventi

[10] molti preferiscono separare l'evento A da quello condizionante B con una barra obliqua, e scrivono $P(A/B)$

A e B sono disgiunti. Poiché $P(A, B) = 0$ è evidente che $P(A|B) = 0$ anche se $P(A) \neq 0$. Oppure si pensi a casi in cui $A \subset B$. Poiché $P(A, B) = P(A)$ è evidente che $P(A|B) > P(A)$ se $P(B) < 1$.

Tuttavia è anche possibile che sia $P(A|B) = P(A)$.

Se $P(A|B) = P(A)$ l'evento A è altrettanto probabile nell'esperimento originale ed in quello condizionato a B; ovvero, sapere che si è verificato B non modifica le nostre attese sull'evento A. Si noti che risulta anche $P(A, B) = P(A)P(B)$, e quindi $P(B|A) = P(B)$. Gli eventi A e B si dicono *statisticamente indipendenti*, oppure più brevemente *indipendenti*.

Esempio 1.7.2. Per fare un semplice esempio, consideriamo l'estrazione di una pallina da un'urna che ne contiene 5 rosse e 5 nere, numerate da 1 a 5 ed indistinguibili per il resto. Prendiamo come risultati elementari le dieci palline, che è possibile individuare mediante la coppia (colore,numero), e ci prendiamo la responsabilità di assumere che i dieci risultati siano equiprobabili[11]. Con questa assegnazione di probabilità è facile verificare che sono indipendenti gli eventi A ={pallina rossa} e B ={numero 3}. Infatti, calcolando le probabilità con il semplice conteggio dei risultati inclusi negli eventi, si ottiene

$$\begin{aligned} P(A) &= \frac{5}{10} = \frac{1}{2} \\ P(B) &= \frac{2}{10} = \frac{1}{5} \\ P(A|B) &= \frac{P(A, B)}{P(B)} = \frac{1/10}{2/10} = \frac{1}{2} \\ P(B|A) &= \frac{P(A, B)}{P(A)} = \frac{1/10}{5/10} = \frac{1}{5} \end{aligned} \tag{1.43}$$

Con che frequenza ci aspettiamo una pallina rossa? e con che frequenza se qualcuno ha visto la pallina estratta e ci comunica che è una numero 3? Con che frequenza ci aspettiamo una pallina numero 3? e con che frequenza se veniamo a sapere che è rossa?

Esempio 1.7.3. Gli eventi A e B non sarebbero invece indipendenti se l'urna contenesse 5 palline rosse e 3 nere (numerate da 1 a 3). Infatti si

[11] non aspettiamoci *mai* che la teoria delle probabilità ci dica quali sono i valori delle probabilità dei risultati

avrebbe

$$\begin{aligned} P(A) &= \frac{5}{8} \\ P(B) &= \frac{2}{8} = \frac{1}{4} \\ P(A|B) &= \frac{P(A,B)}{P(B)} = \frac{1/8}{2/8} = \frac{1}{2} \\ P(B|A) &= \frac{P(A,B)}{P(A)} = \frac{1/8}{5/8} = \frac{1}{5} \end{aligned} \tag{1.44}$$

Le palline rosse sono più numerose delle nere, e quindi $P(A) > 1/2$. Tuttavia se sappiamo che la pallina è una numero 3 restano solo due alternative: una rossa e una nera. Analogamente le palline numero 3 sono due, su un totale di otto. Ma se sappiamo che la pallina estratta è rossa c'è una sola numero 3 su un totale di cinque.

> Appare ragionevole assumere *indipendenti eventi relativi a prove diverse* in un esperimento composito in cui si ripeta più volte lo stesso esperimento semplice. In questo il caso si parla di *prove ripetute.*

Ad esempio in lanci successivi di moneta sarà ragionevole assumere che siano indipendenti gli eventi A ={testa al secondo lancio} e B ={croce al primo lancio}. Si noti che anche in questo caso la statistica indipendenza è un'ipotesi, che viene a far parte della assegnazione di probabilità. Siamo comunque responsabili delle conseguenze di questa ipotesi sui risultati del calcolo.

Quando assumiamo l'indipendenza di due eventi calcoliamo semplicemente la probabilità congiunta come prodotto delle probabilità:

$$\boxed{P(A,B) = P(A)P(B)} \tag{1.45}$$

Se invece preferissimo pensare che in lanci successivi di monete ci sia una qualche forma di memoria avremmo il problema di fornire i valori delle probabilità condizionate che descrivono le misteriose interazioni tra i risultati dei lanci. Come si vede, dobbiamo rallegrarci che l'esperienza mostri che le monete non hanno memoria.

Nel caso di variabili casuali non vi è difficoltà a definire densità o distribuzioni condizionate quali[12]

$$f_X(x|B) = \frac{P(x < X \leq x + dx|B)}{dx} = \frac{P(x < X \leq x + dx, B)}{P(B)\,dx} \tag{1.46}$$

e

$$F_X(x|B) = P(X \leq x|B) = \frac{P(X \leq x, B)}{P(B)} \tag{1.47}$$

ed è semplice mostrare che, come al solito, la densità è la derivata della distribuzione:

$$f_X(x|B) = \frac{d}{dx}F_X(x|B) \tag{1.48}$$

L'evento condizionante B è del tutto generico: potrebbe essere $\{X \leq a\}$, oppure $\{a < Y \leq b\}$, o $\{X \leq a, Y \geq b\}$. Tutti questi casi sono trattabili senza alcuna difficoltà. L'unico caso che richiede un esame più accurato è $B = \{Y = y\}$. Questo evento ha solitamente probabilità nulla, che è vietata per un evento condizionante. Viene quindi sostituito dall'evento $\{y < Y \leq y + dy\}$, che è equivalente per ogni scopo pratico ma non ha probabilità nulla. Si ha

$$\begin{aligned} f_{X|Y}(x|y < Y \leq y + dy) &= \\ = \frac{P(x < X \leq x + dx, y < Y \leq y + dy)}{P(y < Y \leq y + dy)\,dx} &= \\ = \frac{f_{XY}(x,y)dxdy}{f_Y(y)dydx} = \frac{f_{XY}(x,y)}{f_Y(y)} & \end{aligned} \tag{1.49}$$

Normalmente si abbrevia in

$$f_{X|Y}(x|Y = y) = \frac{f_{XY}(x,y)}{f_Y(y)} \tag{1.50}$$

o, ancora più sinteticamente,

$$\boxed{f(x|y) = \frac{f(x,y)}{f(y)}} \tag{1.51}$$

Si noti l'analogia formale con

$$P(A|B) = \frac{P(A,B)}{P(B)} \tag{1.52}$$

[12] per distinguere una *ddp* condizionata da quella non condizionata si dovrebbe scrivere $f_{X|B}(x|B)$, ma se non c'è ambiguità spesso si abbrevia la notazione

che è uno dei motivi per cui si trova conveniente scrivere le probabilità congiunte $P(A, B)$ separando i due eventi A e B con una virgola, anziché come $P(AB)$.

L'indipendenza statistica tra variabili casuali può essere definita in molti modi equivalenti, ad esempio

$$\boxed{f(x|y) = f(x)}$$
$$\boxed{f(x, y) = f(x)f(y)} \tag{1.53}$$
$$\boxed{f(y|x) = f(y)}$$

Si noti però che conviene definire l'indipendenza imponendo che queste relazioni valgano per *ogni* x e *ogni* y. Infatti solo in questo caso è facile verificare che si ha

$$P(X \in R_X, Y \in R_Y) = P(X \in R_X)P(Y \in R_Y) \tag{1.54}$$

con R_X ed R_Y unioni di un numero qualsiasi di intervalli sugli assi X ed Y rispettivamente.

La (1.42) può presentarsi in una varietà di forme, quali

$$\boxed{F_X(x) = \sum_i F_X(x|B_i)P(B_i)}$$
$$\boxed{f_X(x) = \sum_i f_X(x|B_i)P(B_i)}$$
$$\boxed{F_X(x) = \int_{-\infty}^{\infty} F_{X|Y}(x|y)f_Y(y)dy} \tag{1.55}$$
$$\boxed{f_X(x) = \int_{-\infty}^{\infty} f_{X|Y}(x|y)f_Y(y)dy}$$

e molte altre analoghe in cui compaiono anche più variabili casuali. È immediato riconoscervi la (1.42) se si pensa che $F_X(x)$ ed $f_X(x)dx$ sono probabilità.

Si può anche trascrivere l'ultima delle (1.55) nella forma (1.32), ottenendo

$$\boxed{f_X(x) = \int_{-\infty}^{\infty} f_{XY}(x, y)dy} \tag{1.56}$$

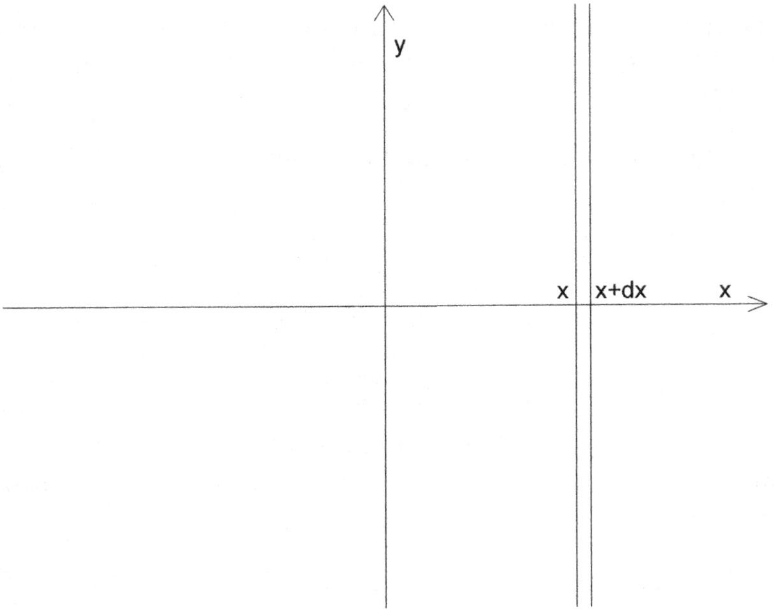

Figura 1.8: Striscia di integrazione per il calcolo di $P(x < X \leq x + dx)$ dalla densità congiunta $f(x, y)$

Si noti che moltiplicando per dx si riconosce, a destra, l'integrale nella striscia in Fig. 1.8, cioè la probabilità congiunta che sia $x < X \leq x + dx$ e che y assuma un valore qualsiasi, data da $f_X(x)dx$. Quando si esegue il calcolo (1.56) si usa dire che si determina la densità *marginale* $f_X(x)$ dalla *ddp* congiunta $f_{XY}(x, y)$. Allo stesso modo, integrando rispetto ad x, si determina l'altra densità *marginale* $f_Y(y)$:

$$\boxed{f_Y(y) = \int_{-\infty}^{\infty} f_{XY}(x, y)dx} \tag{1.57}$$

1.8 Esempi di calcolo

Dopo essersi procurati questa ricca varietà di concetti e di metodi per il calcolo delle probabilità è finalmente ora di provare ad applicarla. Ci si renderà conto di quanto possa essere facile il calcolo delle probabilità, se si usano gli strumenti convenienti.

È opportuno ricordare ancora una volta che la teoria delle probabilità *non fornisce i dati del problema*, ma solo i *metodi per il calcolo*. Nessuna parte della teoria potrà stabilire se e quanto i risultati del lancio di una moneta o di un dado non equilibrati hanno probabilità diverse fra loro.

Ciò non esclude che qualche raffinato studio sulla meccanica dei lanci, coadiuvato da solide conoscenze della teoria della probabilità, possa permettere di valutare le probabilità dei risultati a partire dalla conoscenza di come è distribuita la massa delle monete o dei dadi, di quale sia l'elasticità del materiale e del piano su cui rimbalzano, ecc. In genere tuttavia occorre davvero una ottima conoscenza dell'esperimento per fare valutazioni affidabili.

Nessuno esclude che sia possibile in qualche modo *misurare* le probabilità dei risultati, sfruttando le regolarità che si presentano se si esegue lo stesso esperimento un gran numero di volte. Questo argomento sarà affrontato in un successivo capitolo.

Una buona comprensione dei concetti di probabilità condizionata e di indipendenza statistica aiuta molto nell'assegnazione di ragionevoli probabilità in esperimenti che sembrano complicati. Il lettore avrà ormai capito che questa è la fase più delicata, e che il calcolo delle probabilità non serve a nulla se non abbiamo confidenza sui dati di partenza. Calcoleremmo comunque probabilità di eventi, ma di un esperimento *diverso* da quello che ci interessa. Qualunque sia il modo in cui ci procuriamo i dati, se questi sono sbagliati saranno sbagliati anche i risultati (per il *nostro* esperimento). Non possiamo incolpare di questo la teoria.

Esempio 1.8.1. Cominciamo con un caso semplice, ma fonte di numerose interessanti osservazioni. Si estraggono successivamente due carte da un mazzo che ne contiene 52, senza reinserire la prima estratta. Si suppone che le carte siano indistinguibili al tatto e che quindi nessuna carta sia favorita rispetto alle altre. Si desidera calcolare la probabilità che le due estratte siano di cuori.

Possiamo definire $A =$\{prima estratta di cuori\} e $B =$\{seconda estratta di cuori\} e indicare la probabilità da valutare con $P(A, B)$, oppure possiamo scrivere $P($\{prima estratta di cuori\},\{seconda estratta di cuori\}$)$. Per rendere più agile l'espressione possiamo rinunciare senza pericolo di ambiguità alle parentesi graffe e possiamo accorciare il testo, ottenendo ad esempio $P($prima cuori, seconda cuori$)$.

Condizionando all'evento {prima cuori} si ha

$$\begin{aligned} &P(\text{prima cuori, seconda cuori}) = \\ &\quad = P(\text{prima cuori})P(\text{seconda cuori}|\text{ prima cuori}) = \\ &\quad = \frac{1}{4}\,\frac{12}{51} = \frac{1}{17} \end{aligned} \tag{1.58}$$

Si noterà che nella prima estrazione ci sono 13 cuori su 52 carte e che alla seconda estrazione, nell'esperimento condizionato, si conosce la composizione del mazzo: 12 cuori su 51 carte in totale.

È interessante esaminare quale sarebbe la soluzione mediante il calcolo combinatorio. Abbiamo due possibili varianti.

- Si considera risultato elementare la coppia *ordinata* di carte estratte. Ci sono quindi $52 \cdot 51$ risultati elementari (la prima carta può essere scelta in 52 modi distinti e la seconda nei 51 restanti). Supponiamo equiprobabili i risultati. Ora contiamo quelli che costituiscono l'evento {prima cuori, seconda cuori}. La prima cuori può essere scelta in 13 modi e la seconda in 12: quindi abbiamo $13 \cdot 12$ coppie ordinate. La probabilità desiderata è

$$P(\text{prima cuori, seconda cuori}) = \frac{13 \cdot 12}{52 \cdot 51} = \frac{1}{17} \tag{1.59}$$

- Si considera risultato elementare la coppia *non ordinata* di carte estratte: le due carte estratte vengono mescolate e non si sa più quale fosse la prima; la probabilità che siano entrambe di cuori non dovrebbe cambiare. Ci sono $\binom{52}{2}$ risultati elementari (quante sono le coppie che si possono formare con 52 oggetti). Supponiamo equiprobabili i risultati e contiamo quelli che costituiscono l'evento {prima cuori, seconda cuori}. Con 13 cuori si possono formare $\binom{13}{2}$ coppie. La probabilità desiderata è

$$P(\text{prima cuori, seconda cuori}) = \frac{\binom{13}{2}}{\binom{52}{2}} = \frac{\frac{13!}{11!\,2!}}{\frac{52!}{50!\,2!}} = \frac{1}{17} \tag{1.60}$$

Si noterà che quest'ultima soluzione sarebbe forse venuta in mente per prima se il testo del problema avesse parlato di estrazione *contemporanea* di due carte da un mazzo. Ma cosa vorrebbe dire estrazione contemporanea? Estraiamo contemporaneamente due carte usando le due mani?

Le due carte della coppia estratta sono ancora distinguibili, e dovremmo artificialmente rimescolarle per non sapere più con quale mano sono state estratte. Finché le due carte sono oggetti distinguibili non c'è differenza tra estrazione successiva ed estrazione contemporanea[13].

Ancora una osservazione merita di essere fatta, a proposito della soluzione con la probabilità condizionata. Cosa ci assicura che alla prima estrazione la probabilità di una carta di cuori sia 1/4? L'esperimento consiste nell'estrazione di *due* carte. Dovremmo individuare in *questo* esperimento un insieme di eventi, elementari o non, a cui attribuire le probabilità, e calcolare la probabilità che la prima carta sia di cuori sommando quelle di eventi disgiunti che compongano l'evento {prima cuori}.

Quello che meglio corrisponde al calcolo fatto è una lieve modifica dell'esperimento: si estrae una carta; se non è di cuori l'esperimento è terminato; altrimenti si estrae una seconda carta; se anche questa è di cuori l'evento {prima cuori, seconda cuori} si è verificato. Ora possiamo tranquillamente considerare gli eventi {prima non cuori} che ha probabilità 3/4 e il suo complemento {prima cuori} che ha la restante probabilità 1/4. In pratica ai fini del calcolo di P(prima cuori) abbiamo considerato l'estrazione di una sola carta.

È molto frequente che immaginando piccole modifiche all'esperimento, che non alterino le probabilità degli eventi a cui siamo interessati, si trovi una strada migliore per arrivare al risultato.

Infine proviamo a supporre che per un qualche motivo l'estrazione di una carta di cuori abbia probabilità diversa dalle altre (le carte di cuori sono state lievemente segnate in qualche modo, e chi estrae cerca di prenderle). Dobbiamo evidentemente procurarci le nuove probabilità di estrazione, ma osserviamo che il calcolo mediante la probabilità condizionata resta valido. Invece *il calcolo combinatorio fallisce*, perché non può più individuare risultati equiprobabili da contare.

Esempio 1.8.2. Estraiamo cinque carte, senza reinserzione, da un mazzo di 52. Vogliamo valutare la probabilità dell'estrazione nell'ordine di due carte di cuori e tre non di cuori, che indicheremo con {cuori, cuori, non cuori, non cuori, non cuori}. Come nel caso precedente, condizionando

[13]nella fisica delle particelle atomiche ci sono casi in cui si ottengono risultati in accordo con le misure solo ammettendo che due particelle distinte non siano distinguibili

via via ai risultati delle estrazioni precedenti si ottiene

$$P(\text{cuori, cuori, non cuori, non cuori, non cuori}) = \frac{13}{52}\frac{12}{51}\frac{39}{50}\frac{38}{49}\frac{37}{48} \tag{1.61}$$

Anche in questo caso ad ogni estrazione condizionata è nota la composizione del mazzo (non sono note le carte presenti nel mazzo, ma è noto quante ce ne sono di cuori e non di cuori, e questo basta).

Si noti che l'evento {non cuori, cuori, non cuori, non cuori, cuori} ha la stessa probabilità, come ogni altro che contenga due cuori fra cinque.

Esempio 1.8.3. Supponiamo di modificare l'esperimento reinserendo ogni volta la carta estratta (o che è lo stesso, estraendo da cinque mazzi una carta ciascuno). Assumiamo che le estrazioni siano indipendenti. Si ottiene

$$P(\text{cuori, cuori, non cuori, non cuori, non cuori}) = \left(\frac{1}{4}\right)^2\left(\frac{3}{4}\right)^3 \tag{1.62}$$

e si otterrebbe lo stesso risultato anche con un diverso ordinamento delle due carte di cuori e delle tre non di cuori.

Esempio 1.8.4. Si vuole calcolare la probabilità di estrarre due cuori fra cinque, *indipendentemente dall'ordine*, sia senza sia con reinserzione delle carte estratte. In entrambi i casi si deve moltiplicare il risultato trovato per una specifica sequenza, ad esempio {cuori, cuori, non cuori, non cuori, non cuori} negli esempi precedenti, per il coefficiente binomiale $\binom{5}{2}$, che dà il numero di sequenze (disgiunte ed equiprobabili) contenenti due cuori. Come si vede, occorre sapere che i modi per disporre k oggetti in n posizioni sono dati dal coefficiente binomiale $\binom{n}{k}$. La distribuzione delle probabilità del numero di eventi di tipo prefissato, in questo caso l'estrazione di una cuori, in N esperimenti è detta *binomiale*. Verrà discussa ampiamente nel seguito.

Esempio 1.8.5. Si consideri ora l'estrazione, dal solito mazzo, di due carte. La prima estratta viene messa da parte (senza guardarla), e si vuole calcolare la probabilità che la seconda sia di cuori. È uno di quei problemi che possono mettere in crisi il principiante, che pensa tra sé: il risultato della seconda estrazione dipende da quello della prima, che determina la nuova composizione del mazzo; ma cosa si può fare se non si conosce il primo risultato? La risposta è molto semplice: si usa la (1.42) condizionando ai due eventi {prima cuori} e {prima non cuori}, disgiunti e la cui unione è l'evento certo:

$$\begin{aligned}
&P(\text{seconda cuori}) = \\
&\quad = P(\text{seconda cuori}|\text{prima cuori})P(\text{prima cuori}) + \\
&\quad + P(\text{seconda cuori}|\text{prima non cuori})P(\text{prima non cuori}) = \\
&\quad = \frac{12}{51}\frac{1}{4} + \frac{13}{51}\frac{3}{4} = \frac{1}{4}
\end{aligned} \tag{1.63}$$

Il risultato è ovvio, non è vero? È pur vero che il primo risultato, se fosse noto, condizionerebbe l'esperimento; ma se non è noto, come può modificare le nostre attese sulla seconda estrazione? E poi basta pensare che potremmo avvicinare al mazzo la nostra prima e seconda mano, afferrare due carte e guardare solo la seconda. Non è come estrarre una sola carta?

Con un po' di pazienza si può verificare che se anche estraessimo 51 carte senza guardarle, la cinquantaduesima sarebbe di cuori con probabilità 1/4.

Esempio 1.8.6. Riesaminiamo ora il gioco dei cento numeri descritto all'inizio del capitolo. Conviene condizionare alla posizione i del massimo ($i = 1, \ldots, 100$). Assumendo che il massimo tra n numeri si possa trovare in ciascuna posizione con probabilità $1/n$, si ha

$$\begin{aligned}
&P(\text{vittoria}) = \sum_{i=1}^{100} P(\text{max in } i)P(\text{vittoria}|\text{max in } i) = \\
&\quad = \frac{1}{100}\sum_{i=N+1}^{100} P(\text{max dei primi } i-1 \text{ nei primi } N) = \\
&\quad = \frac{1}{100}\sum_{i=N+1}^{100} \frac{N}{i-1} = \frac{1}{100}\sum_{k=N}^{99}\frac{N}{k}
\end{aligned} \tag{1.64}$$

Si noti che nell'esperimento condizionato l'evento {vittoria} si è lasciato scrivere in modo molto semplice, ed è stato immediato calcolarne la probabilità.

Esempio 1.8.7. Si considerino due variabili casuali X e Y, indipendenti e con *ddp* costante tra 0 e 1 e nulla altrove[14] e si desideri calcolare la densità di X condizionata all'evento $\{X + Y < 1\}$.

[14]una *ddp* di questo tipo viene detta *uniforme*

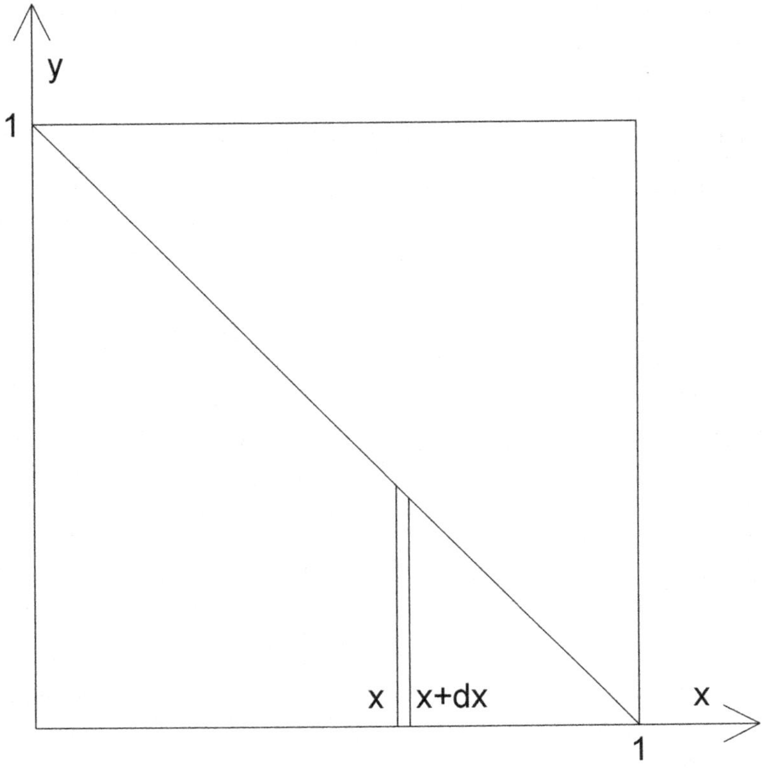

Figura 1.9: Regioni di integrazione dell'esempio 1.8.7

La *ddp* di X è uguale a 1 per $0 \leq x \leq 1$, dovendo essere unitaria l'area della *ddp*. La variabile casuale Y ha la stessa *ddp*. Poiché le variabili casuali sono indipendenti la *ddp* congiunta è il prodotto delle marginali, e vale 1 nella regione $(0 \leq x \leq 1, 0 \leq y \leq 1)$. Il condizionamento non vieta nessuno dei valori possibili di X. Si ha

$$\begin{aligned} f_X(x|X+Y<1) &= \frac{P(x < X \leq x + dx | X + Y < 1)}{dx} = \\ &= \frac{P(x < X \leq x + dx, X + Y < 1)}{P(X + Y < 1)\, dx} = \frac{(1-x)\, dx}{1/2\, dx} = 2(1-x) \end{aligned} \tag{1.65}$$

la cui area è unitaria, come dovuto. Esaminiamo in dettaglio i vari passaggi. Nel primo si è usata la definizione di densità di probabilità condizionata. Poi si è scritta la probabilità condizionata come probabilità congiunta divisa per la probabilità dell'evento condizionante. Per calcolare la probabilità congiunta si è individuata la regione del piano in cui

$x < X \leq x + dx, X + Y < 1$ e si è integrata la *ddp* congiunta. Si tratta della striscia infinitesima in Fig. 1.9. Poiché la *ddp* congiunta è unitaria si è semplicemente calcolata l'area della striscia. In modo analogo si è calcolata $P(X + Y < 1)$ come area del corrispondente triangolo.

Per concludere cerchiamo di capire se il risultato ottenuto è sensato. Poiché accettiamo solo coppie X,Y con somma minore di 1 (l'esperimento è condizionato a questo evento) i valori di X prossimi a 1 saranno meno probabili di quanto non fossero nell'esperimento non condizionato. Infatti basta un valore di Y piccolo perché la coppia non sia inclusa nell'evento condizionante, e quindi venga scartata. La *ddp* di X condizionata è quindi prossima a zero. Invece i valori di X prossimi a 0 vengono raramente scartati. In $x = 0$ la *ddp* condizionata raddoppia, rispetto a quella non condizionata, perché le probabilità sono rinormalizzate dividendo per la probabilità dell'evento condizionante $P(X + Y < 1) = 1/2$.

1.9 Regola di *Bayes*

Osserviamo che una generica probabilità congiunta $P(A, B)$ può essere scritta in due modi, condizionando all'evento A oppure all'evento B:

$$\boxed{P(A, B) = P(A|B)P(B) = P(B|A)P(A)} \tag{1.66}$$

Spesso accade che una delle due espressioni sia nettamente più comoda dell'altra. Inoltre notiamo che si può calcolare $P(A|B)$ come

$$\boxed{P(A|B) = \frac{P(B|A)P(A)}{P(B)}} \tag{1.67}$$

Questa formula è di uso frequentissimo. Tutte le volte che ci si trova in difficoltà a calcolare $P(A|B)$ bisogna chiedersi se non sarebbe più facile calcolare $P(B|A)$.

Nell'esempio 1.8.7, per il calcolo di $P(x < X \leq x + dx|X + Y < 1)$ si sarebbe quindi potuto procedere anche nel seguente modo:

$$\begin{aligned} &P(x < X \leq x + dx|X + Y < 1) = \\ &\quad = \frac{P(X + Y < 1|x < X \leq x + dx)P(x < X \leq x + dx)}{P(X + Y < 1)} \end{aligned} \tag{1.68}$$

e poi sarebbe stato agevole riconoscere che $P(X+Y < 1|x < X \leq x+dx)$ può essere ritenuta equivalente a $P(X+Y < 1|X = x)$ cioè a $P(Y < 1-x)$ che si calcola immediatamente integrando $f_Y(y)$ da 0 a $1 - x$.

Esempio 1.9.1. Nell'estrazione di due carte da un mazzo di 52, senza reinserzione, siano A={prima cuori} e B={seconda cuori}. Si voglia calcolare la probabilità $P(A|B)$ che la prima estratta sia una cuori dato che la seconda è una cuori. Applicando la (1.67), e utilizzando risultati già visti in esempi precedenti, si ottiene

$$P(A|B) = \frac{P(B|A)P(A)}{P(B)} = P(B|A) = \frac{4}{17} \qquad (1.69)$$

Come già osservato, non c'è differenza tra estrazioni successive o contemporanee. La probabilità $P(A|B)$ che la prima estratta sia una cuori dato che la seconda è una cuori è identica alla probabilità $P(B|A)$ che la seconda sia una cuori dato che la prima è una cuori.

Non si commetta l'errore di pensare che l'estrazione della prima carta precede la seconda, e quindi il risultato non può dipendere dalla seconda carta estratta. *Nell'esperimento condizionato non si accettano tutte le coppie*, ma solo quelle in cui la seconda carta è una cuori, cioè si guarda la prima carta *solo se la seconda è una cuori*. Ciò modifica le probabilità, rispetto all'esperimento non condizionato.

Per chi non fosse ancora convinto: la probabilità che la prima estratta sia l'asso di cuori dato che la seconda estratta è l'asso di cuori è evidentemente nulla, mentre la probabilità non condizionata che la prima estratta sia l'asso di cuori è diversa da zero.

La (1.67) può essere utilizzata per valutare le probabilità condizionate all'evento B di un insieme di eventi A_i mutuamente esclusivi e la cui unione sia l'evento certo. Abbiamo

$$P(A_i|B) = \frac{P(B|A_i)P(A_i)}{P(B)} \qquad (1.70)$$

e se ricordiamo che $P(B)$ può essere scritta come

$$P(B) = \sum_i P(A_i)P(B|A_i) \qquad (1.71)$$

otteniamo la *regola di Bayes* (si noti che il numeratore è uno dei termini a denominatore)

$$\boxed{P(A_i|B) = \frac{P(B|A_i)P(A_i)}{\sum_i P(A_i)P(B|A_i)}} \tag{1.72}$$

In tali casi si usa dire che $P(A_i)$ è la probabilità *a priori*, cioè prima dell'osservazione di B, e che $P(A_i|B)$ è la probabilità *a posteriori*, cioè dopo aver osservato il verificarsi di B. Le probabilità $P(B|A_i)$ del verificarsi, nelle varie ipotesi A_i, dell'evento B effettivamente osservato, descrivono in modo probabilistico il rapporto causa-effetto.

Una interessante applicazione della regola di *Bayes* è la seguente.

Esempio 1.9.2. Una rara malattia è presente nello 0.001% della popolazione. In altri termini, scelta a caso una persona la probabilità che abbia questa malattia è $P(M) = 10^{-5}$. Esiste un test che individua con certezza la malattia, se presente. Purtroppo dà talvolta dei falsi positivi: nell'1% dei casi individua la malattia in un soggetto sano. Una persona scelta a caso si sottopone al test, e questo risulta positivo. Con che probabilità la persona è malata? Suddividiamo l'evento certo in M ={malato} e $\overline{M}$ ={non malato} e sia T ={test positivo}. Si ha

$$\begin{aligned} P(M|T) &= \frac{P(T|M)P(M)}{P(T|M)P(M) + P(T|\overline{M})P(\overline{M})} = \\ &= \frac{1 \cdot 10^{-5}}{1 \cdot 10^{-5} + 0.01 \cdot 0.99999} \approx 10^{-3} \end{aligned} \tag{1.73}$$

Nessun allarme, quindi. Quasi sicuramente chi si è sottoposto al test è sano. Ecco il motivo, a parte il costo, per cui non si fanno test di questo tipo sull'intera popolazione. Se invece non si prende una persona a caso, ma una per cui già si sospetta la malattia (ad esempio di cui si stima che possa essere malato con probabilità 0.1) si ha

$$\begin{aligned} P(M|T) &= \frac{P(T|M)P(M)}{P(T|M)P(M) + P(T|\overline{M})P(\overline{M})} = \\ &= \frac{1 \cdot 0.1}{1 \cdot 0.1 + 0.01 \cdot 0.9} \approx 0.92 \end{aligned} \tag{1.74}$$

e il test diventa utile.

1.9.1 Decisione tra più possibili cause

Un'altra delle applicazioni tipiche della regola di *Bayes* è la ricerca della più probabile tra le cause A_i mutuamente escludentesi che ha potuto produrre l'effetto osservato B, nei casi in cui non c'è un legame causa-effetto completamente deterministico.

Poiché gli eventi A_i e B nella (1.72) sono generici valgono anche versioni della regola di *Bayes* che coinvolgono variabili casuali. Ad esempio avendo osservato che in un esperimento la variabile casuale Y ha assunto il valore y e volendo individuare le probabilità a posteriori degli eventi A_i si ha[15]

$$\begin{aligned} P(A_i|Y=y) &= P(A_i|y < Y \leq y+dy) = \\ &= \frac{f_Y(y|A_i)P(A_i)}{f_Y(y)} = \frac{f_Y(y|A_i)P(A_i)}{\sum_i f_Y(y|A_i)P(A_i)} \end{aligned} \tag{1.75}$$

È particolarmente interessante che in questa formula il compito del denominatore è di normalizzare le probabilità condizionate in modo che abbiano somma unitaria. Se interessa solo trovare quale tra gli eventi A_i sia più probabile, senza voler determinare la corrispondente probabilità a posteriori, basta confrontare, al variare di i, i numeratori.

Esempio 1.9.3. Un sistema di trasmissione binario usa per i due simboli A_1 ed A_2 le tensioni $\pm V$. Il simbolo A_1, emesso dalla sorgente con minor frequenza, ha probabilità 0.3. Il canale di trasmissione aggiunge alla tensione trasmessa una tensione casuale X, indipendente dal segnale, con densità di probabilità[16]

$$f_X(x) = \frac{1}{\sqrt{2\pi}} \exp(-\frac{x^2}{2}) \tag{1.76}$$

Ricevuta la tensione $Y = y$, a favore di quale simbolo conviene decidere? Le probabilità a posteriori sono

$$\begin{aligned} P(A_1|y) &= \frac{f_Y(y|A_1)P(A_1)}{f_Y(y)} \\ P(A_2|y) &= \frac{f_Y(y|A_2)P(A_2)}{f_Y(y)} \end{aligned} \tag{1.77}$$

[15] al solito si sostituisce l'evento $\{Y = y\}$ con $\{y < Y \leq y + dy\}$ per evitare che la probabilità dell'evento condizionante sia nulla

[16] è l'importante *ddp* detta *gaussiana*, che si ritroverà più avanti

e di queste basterà confrontare i numeratori. Nell'ipotesi A_1 l'evento $Y = y$ coincide con l'evento $X = y - V$ e quindi

$$f_Y(y|A_1)P(A_1) = \frac{0.3}{\sqrt{2\pi}} \exp(-\frac{(y-V)^2}{2}) \tag{1.78}$$

Analogamente si ottiene

$$f_Y(y|A_2)P(A_2) = \frac{0.7}{\sqrt{2\pi}} \exp(-\frac{(y+V)^2}{2}) \tag{1.79}$$

e infine si riconosce che è più probabile A_1 se $y > s$, con la soglia s pari a

$$s = \frac{1}{2V} \log \frac{0.7}{0.3} \tag{1.80}$$

ed è invece più probabile A_2 se $y < s$. Se $Y = s$ si ha un pareggio: le probabilità a posteriori sono uguali.

1.10 Funzioni di variabili casuali

Si consideri la variabile casuale $Y = g(X_1, \ldots, X_N)$, ottenuta dalle variabili casuali $X_1, \ldots, X_N$, di cui si conosce la densità congiunta. Si desideri calcolare la densità (o la distribuzione) di Y.

Supponiamo per un momento di conoscere la funzione delta. Formalmente, se si condiziona all'evento $\{X_1 = x_1, \ldots, X_N = x_N\}$, o per meglio dire all'evento $\{x_1 < X_1 \leq x_1 + dx_1, \ldots, x_N < X_N \leq x_N + dx_N\}$ onde evitare probabilità nulle, Y assume il valore $g(x_1, \ldots, x_N)$ e quindi non ha nulla di casuale. La *ddp* condizionata è quindi

$$f(y|x_1, \ldots, x_N) = \delta(y - g(x_1, \ldots, x_N)) \tag{1.81}$$

e rimuovendo il condizionamento si ottiene

$$f(y) = \int_{-\infty}^{\infty} \cdots \int_{-\infty}^{\infty} \delta(y - g(x_1, \ldots, x_N)) f(x_1, \ldots, x_N) dx_1 \cdots dx_N \tag{1.82}$$

dove il significato è che la probabilità infinitesima $f(x_1, \ldots, x_N)dx_1 \cdots dx_N$ viene assegnata ad $y = g(x_1, \ldots, x_N)$. Il procedimento è ripetuto per ogni $x_1, \ldots, x_N$ fino ad assegnare tutta la probabilità (unitaria).

Non è tuttavia così semplice come potrebbe sembrare. La (1.82) si può prestare bene al calcolo numerico: divisi in celle gli assi x_i e l'asse y, basta travasare le probabilità dalle celle $\Delta x_1, \ldots, \Delta x_N$ alla cella Δy in cui cade $y = g(x_1, \ldots, x_N)$.

Invece il calcolo analitico non è banale. Infatti questo non procede travasando via via per vedere alla fine dove e quanto si è accumulato; ma, scelto un y, si dovrà cercare quali punti $x_1, \ldots, x_N$ contribuiscono all'integrale (1.82) e con quale peso. In altre parole, la difficoltà deriva dal fatto che $\delta(y - g(x_1, \ldots, x_N))$ è una funzione semplice di y, ma può essere una funzione complicata delle variabili $x_1, \ldots, x_N$.

In generale è richiesto il calcolo delle radici dell'equazione $y = g(x_1, \ldots, x_N)$. Inoltre non si deve dimenticare che, ad esempio, $\delta(y - ax) = (1/|a|)\delta(x - y/a)$ e non $\delta(x - y/a)$.

Una via sicura, ma non sempre efficiente, per determinare la *ddp* è calcolare la distribuzione

$$\boxed{F(y) = P(g(X_1, \ldots, X_N) \leq y) = \int \cdots \int_{R_y} f(x_1, \ldots, x_N) dx_1 \cdots dx_N} \tag{1.83}$$

dove la regione R_y è quella definita da $g(x_1, \ldots, x_N) \leq y$, e quindi è funzione di y. Se poi occorre la densità $f(y)$ basterà derivare $F(y)$.

Il calcolo diretto della densità $f(y)$ è semplice se è agevole individuare la regione S_y definita da $y < g(x_1, \ldots, x_N) \leq y + dy$. Infatti si avrà[17]

$$\boxed{f(y)\, dy = \int \cdots \int_{S_y} f(x_1, \ldots, x_N) dx_1 \cdots dx_N} \tag{1.84}$$

Consideriamo il caso particolare $Y = g(X)$, funzione di una sola variabile casuale. Supponiamo inoltre che g sia una funzione monotona crescente. La regione S_y è un intervallo infinitesimo $x < X \leq x + dx$ a destra della radice x dell'equazione $y = g(x)$. È facile determinare dx osservando che $dy = g'(x)dx$, dove $g'(x)$ è la derivata rispetto ad x di $g(x)$:

$$dx = \frac{dy}{g'(x)} \tag{1.85}$$

[17]si noti che questo integrale potrebbe dare risultato non infinitesimo, ma finito; in questo caso $f(y)$ contiene un impulso. Per i valori di y per cui la regione S_y non esiste la *ddp* è nulla

Se g è monotona decrescente dx è negativo, e l'intervallo infinitesimo $x + dx \leq X < x$ è a *sinistra* di x anziché a *destra*[18]. In entrambi i casi si ha

$$\boxed{f_Y(y)\,dy = f_X(x)\,|dx|} \tag{1.86}$$

e quindi

$$\boxed{f_Y(y) = \frac{f_X(x)}{|g'(x)|}} \tag{1.87}$$

Nella (1.86) le probabilità infinitesime sono *uguali*, ma le densità $f_X(x)$ e $f_Y(y)$ sono *diverse* perché gli intervalli $|dx|$ e dy sono diversi. La (1.86) mostra chiaramente come la probabilità infinitesima $f_X(x)\,|dx|$ si travasa dall'intervallo dx all'intervallo dy e quindi mostra anche che l'integrale di $f_Y(y)$ è uguale all'integrale di $f_X(x)$. Infatti calcolando l'integrale di $f_Y(y)$ con il cambiamento di variabile $y = g(x)$ si ottiene

$$\int_{-\infty}^{\infty} f_Y(y)\,dy = \int_{-\infty}^{\infty} f_X(x)\,dx = 1 \tag{1.88}$$

Si osservi che nella (1.87) può essere nascosta una difficoltà: la radice x dell'equazione $y = g(x)$ deve essere esplicitata in funzione di y. Questo non sempre è facile. Più in generale l'equazione $y = g(x)$ può avere più radici x', x'', ... e quindi[19]

$$\boxed{f_Y(y) = \frac{f_X(x')}{|g'(x')|} + \frac{f_X(x'')}{|g'(x'')|} + \ldots} \tag{1.89}$$

Si potrebbe dimostrare che questo risultato è generalizzabile al caso di N funzioni $Y_1 = g_1(X_1, \ldots, X_N)$, ..., $Y_N = g_1(X_1, \ldots, X_N)$ di N variabili $X_1, \ldots, X_N$, sostituendo alla derivata lo Jacobiano della trasformazione[20]:

$$f(y_1, \ldots, y_N) = \frac{f_X(x'_1, \ldots, x'_N)}{|J(x'_1, \ldots, x'_N)|} + \frac{f_X(x''_1, \ldots, x''_N)}{|J(x''_1, \ldots, x''_N)|} + \ldots \tag{1.90}$$

---

[18] ciò non cambia nulla se la *ddp* $f_X(x)$ è una funziona continua, come avviene in tutti i casi di interesse pratico

[19] se la funzione $g(X)$ avesse un valore costante Y_0 in un intervallo finito $a < X \leq b$ avente probabilità non nulla, $f(y)$ conterrebbe un impulso $\delta(y - Y_0)$ di pari area

[20] lo Jacobiano della trasformazione è il determinante della matrice $N \times N$ che ha in posizione i, k la derivata dell'i-esima funzione rispetto alla k-esima variabile, ed è richiesto per effettuare cambiamenti di variabili negli integrali multipli

Esempio 1.10.1. Sia $Y = X + b$. L'evento $\{y < Y \leq y + dy\}$ è del tutto equivalente all'evento $\{y - b < X \leq y - b + dy\}$ e quindi (dividendo la probabilità per dy) si ottiene immediatamente

$$f_Y(y) = f_X(y - b) \tag{1.91}$$

Verifichiamo con la teoria. L'equazione $y = g(x) = x + b$ ha un'unica radice $x = y - b$. Inoltre $g'(x) = 1$ per ogni x. La (1.87) conferma il risultato appena trovato.

Verifichiamo anche mediante la distribuzione. L'evento $\{Y \leq y\}$ coincide con $\{X \leq y - b\}$. Quindi si ha

$$F_Y(y) = P(Y \leq y) = P(X \leq y - b) = F_X(y - b) \tag{1.92}$$

in accordo con il risultato trovato per la densità. Come ultima verifica si può controllare che l'integrale della *ddp* sia unitario:

$$\int_{-\infty}^{\infty} f_Y(y)\, dy = \int_{-\infty}^{\infty} f_X(y - b)\, dy = 1 \tag{1.93}$$

Esempio 1.10.2. Sia $Y = aX$. Se $a > 0$ l'evento $\{y < Y \leq y + dy\}$ coincide con $\{\frac{y}{a} < X \leq \frac{y}{a} + \frac{dy}{a}\}$ e quindi

$$f_Y(y) = \frac{1}{a} f_X\left(\frac{y}{a}\right) \tag{1.94}$$

Verifichiamo anche in questo caso. L'equazione $y = g(x) = ax$ ha un'unica radice $x = \frac{y}{a}$. Inoltre $g'(x) = a$. La (1.87) conferma il risultato.

Volendo usare la distribuzione, l'evento $\{Y \leq y\}$ coincide con $\{X \leq \frac{y}{a}\}$. Quindi si ha

$$F_Y(y) = P(Y \leq y) = P\left(X \leq \frac{y}{a}\right) = F_X\left(\frac{y}{a}\right) \tag{1.95}$$

da cui derivando si ritrova la densità.

In modo analogo se $a < 0$ si ottiene

$$f_Y(y) = \frac{1}{|a|} f_X\left(\frac{y}{a}\right) \tag{1.96}$$

Se si vuole usare la distribuzione, nel caso $a < 0$ occorre notare che $\{Y \leq y\}$ coincide con $\{X \geq \frac{y}{a}\}$. Quindi

$$F_Y(y) = P(Y \leq y) = P\left(X \geq \frac{y}{a}\right) = 1 - F_X(\frac{y}{a}) \tag{1.97}$$

da cui derivando si ottiene la densità.

Come ultima verifica si può controllare che l'integrale della *ddp* sia unitario:

$$\int_{-\infty}^{\infty} f_Y(y)\,dy = \int_{-\infty}^{\infty} \frac{1}{|a|} f_X\left(\frac{y}{a}\right) dy = 1 \tag{1.98}$$

Si noti che se si dimenticasse il fattore $\frac{1}{|a|}$ l'integrale non sarebbe unitario. Questo è un errore molto comune tra i principianti, che nel cambiamento di variabili dimenticano che $dy \neq dx$.

Esempio 1.10.3. Sia $Y = \cos 2\pi X$ dove X ha *ddp* costante (e pari a 1) tra 0 e 1, e nulla altrove. Anzitutto osserviamo che Y sarà compreso tra -1 e 1. È tempo perso, e si rischia anche qualche disavventura, cercare la densità di Y al di fuori di tale intervallo. Fissato y l'equazione $y = \cos 2\pi x$ ha radici $x' = \frac{1}{2\pi}\arccos(y)$ e $x'' = 1 - x'$. In entrambi i punti la *ddp* di X vale 1. Il modulo della derivata $|g'(x')|$ vale $2\pi \sin 2\pi x' = 2\pi\sqrt{1-y^2}$. Si noti che si è potuto facilmente esprimerla in funzione di y. La derivata in x'' ha lo stesso modulo. I due contributi di x' e di x'' sono quindi uguali, e sommandoli si ottiene la *ddp*

$$f(y) = \frac{1}{\pi\sqrt{1-y^2}} \qquad -1 < y < 1 \tag{1.99}$$

mostrata in Fig. 1.10. È interessante osservare che agli estremi $y = \pm 1$ la *ddp* tende a infinito. Ciò è dovuto alla derivata della funzione g che tende a zero, ma non deve preoccupare: è facile verificare che l'area complessiva di $f_Y(y)$ è unitaria. Si potrebbe fare il calcolo anche mediante le distribuzioni. Per y compreso tra -1 e 1 l'evento $\{Y \leq y\}$ equivale a $\{x' \leq X \leq x''\}$. La distribuzione di X nell'intervallo tra 0 e 1 è data da $F_X(x) = x$, e quindi

$$F_Y(y) = P(Y \leq y) = P(x' \leq X \leq x'') = x'' - x' = 1 - \frac{1}{\pi}\arccos y \tag{1.100}$$

la cui derivata conferma la *ddp*.

Esempio 1.10.4. Si consideri la somma di due variabili casuali $Z = X + Y$.

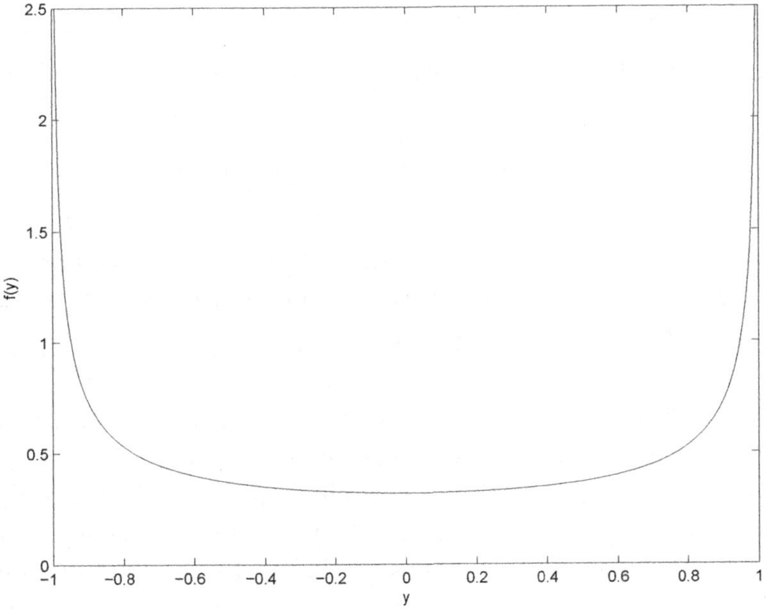

Figura 1.10: Densità di probabilità di $Y = \cos 2\pi X$

Per chi ha familiarità con la funzione impulsiva il risultato è immediato dalla (1.82). Infatti

$$\begin{aligned} f_Z(z) &= \int_{-\infty}^{\infty}\int_{-\infty}^{\infty} \delta(z-x-y) f_{XY}(x,y)dx\,dy = \\ &= \int_{-\infty}^{\infty} f_{XY}(x,z-x)dx = \int_{-\infty}^{\infty} f_{XY}(z-y,y)dy \end{aligned} \tag{1.101}$$

I due risultati, equivalenti, sono ottenuti integrando per prima la variabile y oppure la variabile x. Ma come può procedere chi non sappia ancora usare la funzione impulsiva?

Si può condizionare al valore di una delle variabili casuali, ad esempio $Y = y$:

$$f_Z(z) = \int_{-\infty}^{\infty} f_{Z|Y}(z|y) f_Y(y)dy \tag{1.102}$$

Il calcolo di $f_{Z|Y}(z|y)$ è immediato perché ora Y è noto e si ricade nel caso $Z = X + y$, con y costante. Si ha

$$f_{Z|Y}(z|y) = f_{X|Y}(z-y|y) \tag{1.103}$$

e quindi

$$f_Z(z) = \int_{-\infty}^{\infty} f_{X|Y}(z-y|y) f_Y(y) dy = \int_{-\infty}^{\infty} f_{XY}(z-y, y) dy \tag{1.104}$$

È opportuno segnalare un possibile errore: dimenticare che quando si calcola la *ddp* di Z dato che $Y = y$ si è nell'esperimento condizionato. Quindi sarebbe sbagliato usare la densità di X non condizionata a $Y = y$ e scrivere

$$f_{Z|Y}(z|y) = f_X(z-y) \tag{1.105}$$

Questa espressione è giusta solo se X e Y sono variabili casuali indipendenti e quindi la densità di X condizionata a Y è uguale a quella non condizionata.

In modo analogo, condizionando a $X = x$ oppure con un cambio di variabili nell'integrale (1.104), si ottiene

$$f_Z(z) = \int_{-\infty}^{\infty} f_{XY}(x, z-x) dx \tag{1.106}$$

Un altro modo per ottenere il risultato è individuare la regione del piano X, Y tale che sia $z < Z \leq z + dz$ ovvero $z < X + Y \leq z + dz$. Si tratta della striscia in Fig. 1.11. Per calcolare la probabilità si può integrare nella variabile x oppure nella variabile y, ottenendo

$$\begin{aligned} P(z < Z \leq z + dz) &= dz \int_{-\infty}^{\infty} f_{XY}(x, z-x) dx = \\ &= dz \int_{-\infty}^{\infty} f_{XY}(z-y, y) dy \end{aligned} \tag{1.107}$$

(dove dz è lo spessore della striscia nella direzione y e x rispettivamente). Infine basta dividere per dz.

Tutto diventa più semplice se X e Y sono variabili casuali indipendenti. Si ottiene

$$\boxed{f_Z(z) = \int_{-\infty}^{\infty} f_X(x) f_Y(z-x) dx = \int_{-\infty}^{\infty} f_X(z-y) f_Y(y) dy} \tag{1.108}$$

Questo ultimo integrale viene detto *convoluzione*. La convoluzione (o *integrale di convoluzione*) è una operazione di importanza fondamentale nell'analisi dei sistemi lineari. Trova comunque interessanti applicazioni anche nella teoria della probabilità.

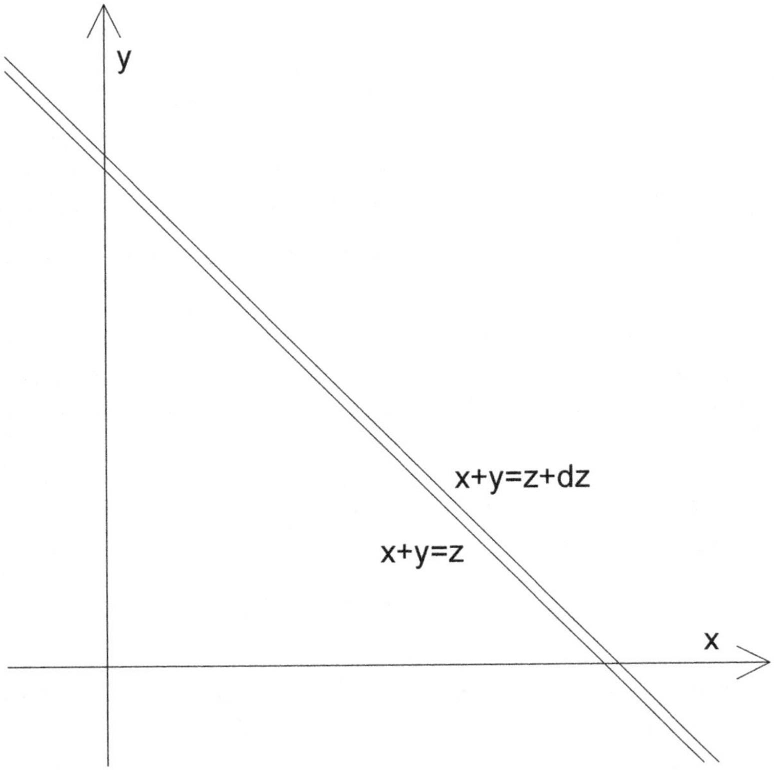

Figura 1.11: Striscia infinitesima per il calcolo della *ddp* di $Z = X + Y$

Esempio 1.10.5. In modo analogo si trova la *ddp* di $Z = XY$ (che comunque è meno interessante nelle applicazioni). Condizionando ad esempio a $Y = y$ si ottiene

$$f_Z(z) = \int_{-\infty}^{\infty} f_{Z|Y}(z|Y = y) f_Y(y) dy = \int_{-\infty}^{\infty} \frac{1}{|y|} f_{XY}(\frac{z}{y}, y) dy \qquad (1.109)$$

Esempio 1.10.6. Un caso molto importante di funzione di due o più variabili casuali è $Y = \max(X_1, X_2, \ldots, X_N)$, che esaminiamo per semplicità solo nel caso di variabili casuali X_i indipendenti. In questo caso può risultare comodo usare le distribuzioni[21], osservando che $Y \leq y$ se e

[21] i più esperti preferiscono osservare che il massimo è compreso tra y e $y + dy$ se e solo se una delle N variabili casuali cade in questo intervallo e tutte le altre sono minori. Il lettore può verificare che si ottiene lo stesso risultato

solo se $X_i \leq y$ per ogni i:

$$\begin{aligned} F_Y(y) &= P(Y \leq y) = P(X_1 \leq y, X_2 \leq y, \ldots, X_N \leq y) = \\ &= \prod_{i=1}^{N} P(X_i \leq y) = \prod_{i=1}^{N} F_{X_i}(y) \end{aligned} \tag{1.110}$$

Se poi le distribuzioni sono tutte uguali si ha

$$F_Y(y) = F_X^N(y) \tag{1.111}$$

e

$$f_Y(y) = N F_X^{N-1}(y) f_X(y) \tag{1.112}$$

Particolarmente semplice è il caso di *ddp* $f_X(x)$ uniforme tra 0 e 1. Si ottiene

$$f_Y(y) = N y^{N-1} \tag{1.113}$$

Si noti come i valori di Y vicini a zero siano estremamente improbabili, se N è grande, e siano invece favoriti quelli prossimi a uno.

In modo analogo si tratta il minimo di due o più variabili casuali.

Esempio 1.10.7. Consideriamo infine un esempio di due funzioni di due variabili casuali. X_1 e X_2 siano variabili casuali indipendenti uniformemente distribuite nell'intervallo tra 0 e 1. Le variabili casuali Y_1 e Y_2 sono date da

$$\begin{aligned} Y_1 &= g_1(X_1, X_2) = \sqrt{-2 \log X_1} \cos 2\pi X_2 \\ Y_2 &= g_2(X_1, X_2) = \sqrt{-2 \log X_1} \sin 2\pi X_2 \end{aligned} \tag{1.114}$$

Le radici delle equazioni $y_1 = g_1(x_1, x_2)$ e $y_2 = g_2(x_1, x_2)$ sono

$$\begin{aligned} x_1 &= \exp(-\frac{y_1^2 + y_2^2}{2}) \\ x_2 &= \frac{1}{2\pi} \arctan \frac{y_2}{y_1} \end{aligned} \tag{1.115}$$

(conviene definire l'arcotangente in modo che sia unica, e compresa tra 0 e 2π; ad esempio $\arctan \frac{1}{1} = \pi/4$ e $\arctan \frac{-1}{-1} = 5\pi/4$).

Con qualche calcolo si trova che lo Jacobiano della trasformazione è

$$J(x_1, x_2) = \frac{2\pi}{x_1} \tag{1.116}$$

e quindi che

$$f(y_1, y_2) = \frac{1}{|J(x_1, x_2)|} = \frac{x_1}{2\pi} = \frac{1}{2\pi} \exp(-\frac{y_1^2}{2}) \exp(-\frac{y_2^2}{2}) \tag{1.117}$$

Si tratta dell'importantissima *ddp* (congiunta) gaussiana che si ritroverà più avanti. La cosa più curiosa da osservare è che $f(y_1, y_2)$ è data dal prodotto di una funzione di y_1 e di una funzione di y_2, che come si vedrà più avanti sono le *ddp* marginali, e quindi le variabili casuali Y_1 e Y_2 sono indipendenti pur essendo ottenute dagli stessi ingredienti X_1 e X_2.

1.11 Esercizi

Esercizio 1.1. Si mostri che se $P(A|B) = P(A|\overline{B})$ gli eventi A e B sono indipendenti. *Commento*: questo risultato dà una interpretazione dell'indipendenza; sapere che si è verificato B oppure sapere che non si è verificato non modifica la probabilità di A.

Esercizio 1.2. Eventi A e B *mutuamente esclusivi* possono essere *indipendenti*? *Commento*: esercizio per quei pochi che, non si sa perché, confondono i due concetti.

Esercizio 1.3. Nel lancio di due monete oneste si considerino gli eventi A={prima testa}, B={seconda testa} e C={una testa in totale}. Si mostri che gli eventi presi a coppie sono indipendenti, ma a terne non lo sono: $P(A, B, C) \neq P(A)P(B)P(C)$.

Esercizio 1.4. Si lanciano due monete (oneste). Si calcoli la probabilità di A={due teste} condizionata a B={almeno una testa}. *Suggerimento*: non si creda di poter rispondere immediatamente, senza un piccolo calcolo.

Esercizio 1.5. Si calcoli la probabilità di ottenere almeno un 6 in due lanci di un dado non truccato, mediante: l'enumerazione dei 36 risultati; $P(A \text{ o } B) = P(A) + P(B) - P(A, B)$, dove A={6 nel primo lancio}, B={6 nel secondo lancio}; P(un solo 6) + P(due 6); 1 − P(nessun 6); la (1.42), dove B_1 ={6 nel primo lancio} e $B_2 = \overline{B_1}$.

Esercizio 1.6. Una scatola contiene 5 palline rosse e 3 nere. Si estrae una pallina, la si reinserisce e se ne aggiungono 4 dello stesso colore. Poi si estrae una pallina. Si calcolino la probabilità che la seconda sia rossa, e che la prima sia rossa se la seconda è rossa.

Esercizio 1.7. Si calcolino le probabilità di ottenere almeno un sei in 3 lanci di dado onesto e di ottenere almeno un doppio sei in 18 lanci di coppie di dadi. *Commento*: un giocatore incauto e poco esperto di probabilità potrebbe pensare che, poiché in media si ottiene un sei ogni 6 lanci e un doppio sei ogni 36 lanci, tali probabilità siano $1/2$ e sia giusto scommettere alla pari (ecco un pollo da spennare).

Esercizio 1.8. Si lanciano due dadi non truccati. Si calcoli la probabilità di ottenere due uni condizionata all'aver ottenuto almeno un uno. *Suggerimento*: non si creda di poter rispondere immediatamente, senza un piccolo calcolo.

Esercizio 1.9. Una scatola contiene 99 palline rosse e una nera, un'altra scatola 99 nere e una rossa. Si sceglie una scatola e si estrae una pallina, che è rossa. Con che probabilità si è scelta la prima scatola?

Esercizio 1.10. Una moneta è onesta e un'altra dà testa con probabilità 0.7. Si sceglie una moneta, la si lancia 2 volte e si ottengono 2 teste. Con che probabilità la moneta è truccata? E se si ottenessero 5 teste in 5 lanci? E 10 teste in 10 lanci?

Esercizio 1.11. Una scatola contiene tre monete oneste e una che dà testa con probabilità 0.7. Si calcoli la probabilità di ottenere k teste in quattro lanci ($k = 0, 1, 2, 3, 4$) se

- ogni volta si estrae la moneta da lanciare (reinserendola poi nella scatola)
- si estrae una sola moneta, e la si usa per tutti i lanci
- si effettua un lancio con ciascuna moneta

Esercizio 1.12. X e Y hanno *ddp* congiunta uniforme nel cerchio di raggio unitario. Si calcoli $P(Y > X > 0)$. *Suggerimento*: si evitino calcoli inutili.

Esercizio 1.13. Determinare $P(X > Y)$, dove le variabili casuali X ed Y sono indipendenti, con $P(X = 0) = 1/2$ e $P(X = 1) = 1/2$, e $f(y) = 1/2$ tra 0 e 2.

Esercizio 1.14. La *ddp* di X sia $f(x) = 1 - x/2$ tra 0 e 2. Determinare $f(x|X > 1)$.

Esercizio 1.15. La variabile casuale X ha *ddp* $f(x) = \exp(-x)$ per $x \geq 0$. Sia $Y = \exp(-X)$. Si calcoli la *ddp* di Y.

Esercizio 1.16. La variabile casuale X abbia densità (detta Laplaciana) $f(x) = \frac{1}{2}\exp(-|x|)$ e sia $Y = \exp(X)$. Si calcoli $f(y)$.

Esercizio 1.17. Le variabili casuali X e Y hanno *ddp* uniforme nella regione $x \geq 0$, $y \geq 0$, $x + y \leq 1$ ed è $Z = Y - X$. Si calcoli $f(z)$. *Nota*: si può rispondere quasi senza calcoli.

Esercizio 1.18. Le variabili casuali X e Y hanno *ddp* uniforme nel cerchio di raggio unitario con centro nell'origine. Si determini la densità di $Z = X + Y$.

Esercizio 1.19. Si scriva la densità della variabile casuale $Z = \frac{X}{Y}$, conoscendo $f(x, y)$.

Esercizio 1.20. X e Y hanno *ddp* congiunta uniforme nel cerchio di raggio 1. Si mostri che X e Y non sono indipendenti. *Suggerimento*: senza calcolare le *ddp* $f(x)$ e $f(y)$, in quali intervalli sono diverse da zero, e in quale regione il prodotto $f(x)f(y)$ è diverso da zero? *Suggerimento* alternativo: si esamini $f(x|y)$ al variare di y. *Commento*: si osservi che si tratta di un risultato generale; se la *ddp* congiunta è diversa da zero in una regione R_{XY} non esprimibile come prodotto cartesiano di regioni R_X e R_Y le variabili casuali non sono indipendenti.

Esercizio 1.21. X e Y hanno *ddp* congiunta uniforme nel cerchio di raggio 1. Si calcoli la *ddp* di $Z = \sqrt{X^2 + Y^2}$.

Esercizio 1.22. X e Y hanno *ddp* congiunta uniforme nel cerchio di raggio 1. Si calcoli la *ddp* di $U = X^2 + Y^2$. Confrontando con l'esercizio precedente si ha $U = Z^2$. Si ricalcoli la *ddp* di U da quella di Z.

Esercizio 1.23. X e Y hanno *ddp* $f(x, y) = \exp(-y)$ all'interno della regione $0 \leq x \leq y < \infty$. Le variabili casuali sono indipendenti? Si verifichi la risposta calcolando le *ddp* marginali.

Esercizio 1.24. N variabili casuali X_i sono indipendenti e hanno *ddp* esponenziale $f(x) = a\exp(-ax)$ per $x \geq 0$. Si determini la *ddp* di $Y = \min(X_1, \ldots, X_N)$.

Esercizi di maggiore complessità

Esercizio 1.25. La variabile casuale X abbia *ddp* uniforme tra 0 e 1, e si desideri ottenere una variabile casuale $Y = g(X)$ con densità prefissata $f(y)$. Si imponga per semplicità che $g(X)$ sia una funzione monotona (crescente o decrescente). Si mostri che la (1.87) fornisce la funzione $g(X)$ nelle forme implicite: $F_Y(y) = x$ oppure $F_Y(y) = 1 - x$.

Esercizio 1.26. Con la tecnica dell'esercizio precedente si ottengano variabili casuali

- con densità (detta *esponenziale*): $f(y) = \exp(-y)$ per $y \geq 0$, e nulla per $y < 0$
- con densità (detta *di Rayleigh*): $f(y) = \frac{y}{a^2}\exp(-\frac{y^2}{2a^2})$ per $y \geq 0$, e nulla per $y < 0$

Si spieghi perché non è agevole ottenere una variabile casuale (detta *gaussiana*) con *ddp* $f(y) = \frac{1}{\sqrt{2\pi}}\exp(-\frac{y^2}{2})$.

Esercizio 1.27. Si vuole generare una variabile casuale con *ddp* $f_X(x)$ non nulla tra a e b. Sia M il massimo di $f_X(x)$. Si estraggono una variabile casuale Y con *ddp* uniforme tra a e b e una variabile casuale Z indipendente con *ddp* uniforme tra 0 e M. Se $Z \leq f_X(Y)$ si pone $X = Y$, altrimenti si estraggono nuove coppie Y, Z fino a quando la condizione è verificata. Si mostri che X ha la *ddp* $f_X(x)$ desiderata. *Suggerimento*: basta calcolare $P(x < X \leq x + dx) = P(x < Y \leq x + dx, Z \leq f_X(Y))$. Con quale probabilità si ottiene un valore valido di X? *Suggerimento*: basta calcolare $P(Z \leq f_X(Y))$. *Commento*: il metodo per generare X è efficiente se la *ddp* $f_X(x)$ è una funzione poco variabile nell'intervallo tra a e b; altrimenti diventa inefficiente.

Esercizio 1.28. Si descriva come si genera una variabile casuale X con *ddp* triangolare

$$f_X(x) = \begin{cases} x & 0 \leq x \leq 1 \\ 2 - x & 1 \leq x \leq 2 \end{cases}$$

applicando il metodo dell'esercizio precedente. *Commento*: c'è un modo più semplice e più efficiente (quale?) per ottenere la *ddp* desiderata utilizzando due variabili casuali indipendenti con *ddp* uniforme tra 0 e 1. *Suggerimento*: si riveda l'esempio 1.10.4.

Esercizio 1.29. Si calcoli la *ddp* di $Z = X + Y$, dove X e Y hanno *ddp* $f(x, y) = \exp(-y)$ per $0 \leq x \leq y < \infty$.

Esercizio 1.30. Se le variabili casuali X_i, $i = 1, \ldots, N$, sono indipendenti e hanno *ddp* uniforme tra 0 e 1, si calcoli $f_{X_1}(x_1|X_1+X_2+\ldots+X_N < 1)$. *Attenzione*: i calcoli non sono banali.

Esercizio 1.31. N variabili casuali X_i indipendenti hanno *ddp* uniforme tra 0 e 1. Sia Y il k-esimo degli X_i in ordinamento crescente (se $k = 1$ si tratta del minimo degli X_i, se $k = N$ del massimo). Si calcoli la *ddp* di Y. *Suggerimento*: $y < Y \leq y + dy$ se e solo se uno degli X_i cade nell'intervallo, $k - 1$ sono minori e $N - k$ sono maggiori; non c'è però un solo X_i che può cadere nell'intervallo e anche gli altri possono essere scelti in più modi. Come semplice verifica si prenda $N = 3$ e $k = 2$ e si valuti l'integrale della *ddp* (se invece si vuole il risultato generale si integri ripetutamente per parti).

Esercizio 1.32. Si generalizzi l'esercizio precedente al caso di *ddp* $f(x)$ generica delle variabili casuali X_i.

Esercizio 1.33. Dopo aver generato una variabile casuale X con *ddp* $f(x) = x\exp(-x)$ per $x \geq 0$ si genera una variabile casuale Y con *ddp* uniforme tra 0 e X. Si calcoli la *ddp* di Y. *Suggerimento*: poiché X è casuale conviene evidentemente condizionare al valore di X; si noti che si può ottenere $Y = y$ solo se $X \geq y$.

Esercizio 1.34. X e Y hanno *ddp* $f(x, y) = \frac{1}{2}(x + y)\exp(-(x + y))$ per $x \geq 0$ e $y \geq 0$. Le variabili casuali sono indipendenti? Si calcoli la *ddp* di $Z = X + Y$.

Esercizio 1.35. N variabili casuali X_i indipendenti hanno *ddp esponenziale* $f_{X_i}(x_i) = \exp(-x_i)$, per $x_i \geq 0$. Sia $Y = \max(X_1, \ldots, X_N)/\log(N)$. Si determini $F(y)$ e si mostri che per $N \to \infty$ tende ad uno scalino in $y = 1$, ovvero che $F(y) \to 0$ per $y < 1$ e $F(y) \to 1$ per $y > 1$. *Commento*: un comportamento simile per $N \to \infty$ si ha per molte altre densità di probabilità.

Capitolo 2

Teoremi limite

2.1 Prove ripetute

Già all'inizio del diciottesimo secolo Giacomo Bernoulli indagava sul comportamento della variabile casuale *numero di successi* in N prove indipendenti, intendendo per successo il verificarsi nella singola prova di un evento A prefissato. Indagava cioè sulla relazione tra la probabilità di un evento e la frequenza con cui l'evento si presenta quando si esegue l'esperimento un gran numero di volte.

L'esperimento consiste dunque nella ripetizione di uno stesso esperimento un numero N prefissato di volte. Risultati elementari dell'esperimento sono le 2^N possibili sequenze di risultati (successo oppure insuccesso) della singola prova e la variabile casuale a cui si è interessati è il numero complessivo di successi, indipendentemente dall'ordine. Sia K la variabile casuale e $P(K = k)$ la probabilità che il numero di successi K assuma il valore k. Per semplicità nel seguito si abbrevierà[1] $P(K = k)$ in $P(k)$.

Come si è già visto con un esempio facilmente generalizzabile, se p è

---

[1]questa notazione è poco gradita ai matematici, che vogliono distinguere tra i risultati dell'esperimento e gli eventi (collezione di risultati) anche quando un evento contiene un solo risultato; scriverebbero dunque $A_k = \{K = k\}$ e poi $P(A_k)$; oppure scriverebbero direttamente $P(\{K = k\})$, forse anche $P(K = k)$, ma non $P(k)$; preferiscono definire una *densità discreta* $p(k) = P(\{K = k\})$ e usare questa; tuttavia la lettera p è anche spesso usata per le *ddp* continue di variabili casuali, e ciò può causare altre ambiguità

la probabilità di successo nella singola prova la probabilità $P(k)$ di k successi in N prove è

$$\boxed{P(k) = \binom{N}{k} p^k (1-p)^{N-k} \qquad k = 0, 1, 2, \ldots, N} \tag{2.1}$$

essendo $p^k(1-p)^{N-k}$ la probabilità di una particolare sequenza di N risultati contenente k successi, ottenuta moltiplicando le probabilità dei risultati nelle singole prove, e $\binom{N}{k}$ il numero delle sequenze, equiprobabili, che contengono k successi.

È immediato verificare mediante la formula del binomio che la somma delle $P(k)$ è unitaria:

$$\sum_{k=0}^{N} P(k) = \sum_{k=0}^{N} \binom{N}{k} p^k (1-p)^{N-k} = (p + (1-p))^N = 1 \tag{2.2}$$

Da ciò deriva il nome di distribuzione *binomiale*. È possibile verificare che $P(k)$ cresce al variare di k fino a $k \approx Np$, e poi decresce. L'esempio più semplice si ha con $p = 1/2$ (lanci di moneta onesta). Poiché $p^k(1-p)^{N-k} = 2^{-N}$ la dipendenza da k si ha solo attraverso i coefficienti binomiali. Tutti hanno avuto modo di osservare che i coefficienti binomiali dapprima crescono e poi decrescono (ad esempio, per $N = 6$: 1,6,15,20,15,6,1). Ne deriva che tre teste in sei lanci sono venti volte più probabili di nessuna testa o di sei teste. Con N grande tale comportamento è molto più drammatico. Ad esempio $\binom{100}{0} = 1$ mentre $\binom{100}{50} \approx 10^{29}$: 50 teste sono cento miliardi di miliardi di miliardi di volte più probabili di nessuna testa; 40 teste sono meno probabili ma non incredibili, perché $\binom{100}{40} = 1.4 \cdot 10^{28}$; 30 teste sono piuttosto rare, perché $\binom{100}{30} = 2.9 \cdot 10^{25}$.

Dunque la regolarità dei risultati e la *legge dei grandi numeri*, di cui tutti hanno sentito parlare spesso in modo impreciso o addirittura grossolanamente sbagliato, nascono solo dai coefficienti binomiali: 50 teste in 100 lanci si possono ottenere in un numero enorme di modi, equiprobabili; nessuna testa in un solo modo, con probabilità $2^{-100} = 7.9 \cdot 10^{-31}$.

Per N grande è quindi estremamente interessante esaminare l'andamento delle $P(k)$ in un intorno del massimo, e non solo nel caso $p = 1/2$. Con i mezzi di calcolo attuali è facile determinare i valori esatti della distribuzione binomiale $P(k)$, e anche di probabilità come $P(n_1 \leq K \leq n_2)$. Resta tuttavia utile avere formule approssimate facilmente interpretabili, che evitino il calcolo dei coefficienti binomiali. Il modo più semplice è utilizzare la notissima approssimazione di *Stirling*

$$n! \approx \sqrt{2\pi n}\, n^n \exp(-n) \tag{2.3}$$

da cui si ottiene

$$P(k) \approx \frac{1}{\sqrt{2\pi k(N-k)/N}} \frac{N^N}{k^k(N-k)^{N-k}} p^k (1-p)^{N-k} \tag{2.4}$$

Dei tanti esponenziali, rapidamente variabili con k, conviene esaminare il logaritmo

$$\begin{aligned} \log \frac{N^N p^k (1-p)^{N-k}}{k^k(N-k)^{N-k}} &= N \log N + k(\log p - \log k) + \\ &+ (N-k)\big(\log(1-p) - \log(N-k)\big) \end{aligned} \tag{2.5}$$

Conviene considerare k come una variabile reale, anziché intera, e cercare il valore di k dove si ha il massimo. Si ottiene facilmente $k = Np$. In questo punto la funzione è nulla e la derivata seconda vale $-\frac{1}{Np(1-p)}$. Sviluppando in serie, arrestandosi al termine di secondo grado e infine ritornando all'esponenziale si ottiene

$$P(k) \approx \frac{1}{\sqrt{2\pi k(N-k)/N}} \exp\Big(-\frac{(k-Np)^2}{2Np(1-p)}\Big) \tag{2.6}$$

Come ultima approssimazione, non indispensabile ma comoda, si può sostituire nella radice a denominatore Np a k ed $N(1-p)$ a $N-k$, ottenendo il *teorema di De Moivre-Laplace*[2]

$$\boxed{P(k) \approx \frac{1}{\sqrt{2\pi Np(1-p)}} \exp\Big(-\frac{(k-Np)^2}{2Np(1-p)}\Big)} \tag{2.7}$$

I valori di $P(k)$ possono quindi essere calcolati, almeno in un intorno del massimo, mediante una comoda approssimazione *gaussiana*. Nella Fig. 2.1 sono confrontati i valori di $P(k)$ per $N = 100$ e $p = 0.5$, per valori di k compresi tra 30 e 70, calcolati con la distribuzione binomiale e con l'approssimazione gaussiana. La figura mostra un ottimo accordo fino

[2] *De Moivre* ottenne il teorema per il caso $p = 1/2$; la generalizzazione è dovuta a *Laplace*

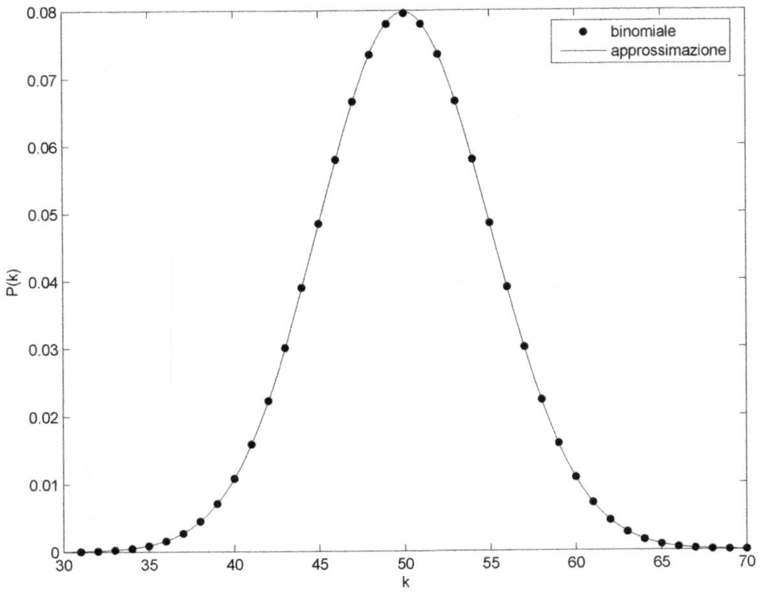

Figura 2.1: Probabilità di k successi in $N = 100$ prove ($p = 0.5$)

a valori di probabilità così piccoli da sembrare nulli se rappresentati in scala lineare.

La Fig. 2.2, in scala logaritmica e per tutti i k da 0 a 100, mette però in evidenza che non si può utilizzare l'approssimazione gaussiana se interessano valori di k molto lontani dal valore più probabile. Naturalmente si tratta di probabilità estremamente piccole, che interessano solo in casi molto particolari. Per queste situazioni esistono approssimazioni migliori (si vedano gli esercizi).

Se la probabilità di successo nella singola prova non è 0.5 l'approssimazione gaussiana è meno accurata, come mostra la Fig. 2.3 per $p = 0.1$. Si noti che in questo caso le $P(k)$ non sono simmetriche intorno a $k = 10$, mentre l'approssimazione gaussiana è simmetrica.

Dalla (2.7) si vede che la probabilità che sia esattamente $K = Np$ (l'intero più vicino, s'intende) tende a zero per N tendente all'infinito. La probabilità di 5 teste su 10 lanci di moneta (onesta) è 0.25, di 50 su 100 lanci è 0.08, di 500 su 1000 è 0.025, e così via. Ma si può verificare che la probabilità di $4 \div 6$ teste su 10 è 0.66, di $40 \div 60$ su 100 è 0.96, di $400 \div 600$ su 1000 è 0.9999999998, e così via.

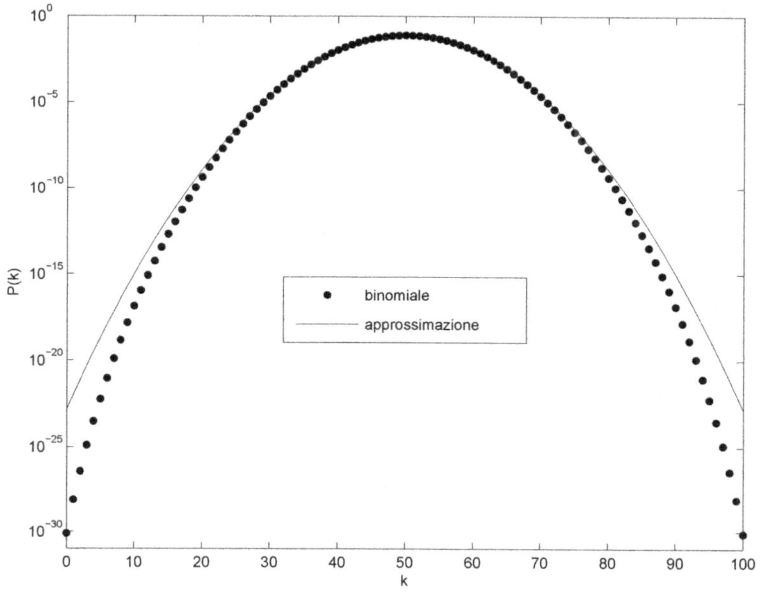

Figura 2.2: Probabilità di k successi in $N = 100$ prove ($p = 0.5$) in scala logaritmica

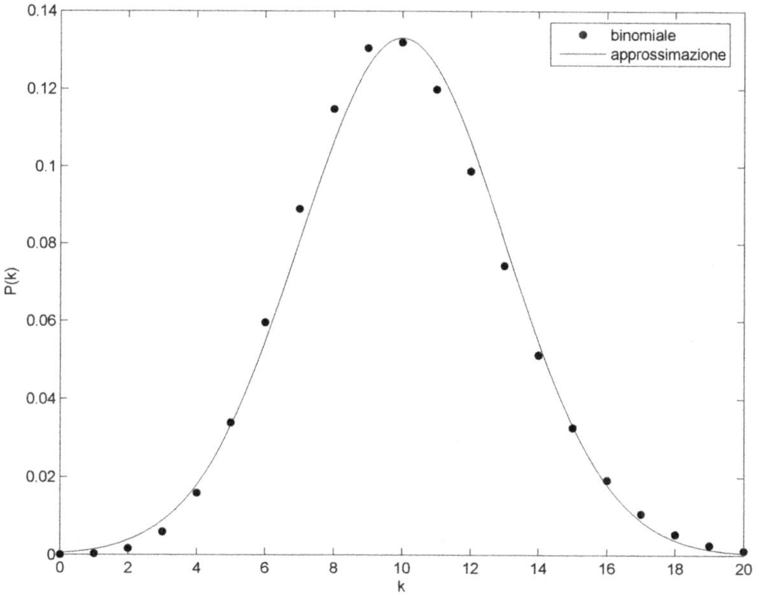

Figura 2.3: Probabilità di k successi in $N = 100$ prove ($p = 0.1$)

In passato per calcolare $P(n_1 \leq K \leq n_2)$ si introduceva un'ulteriore approssimazione, sostituendo la somma con un integrale[3]:

$$\begin{aligned} P(n_1 \leq K \leq n_2) &= \sum_{k=n_1}^{n_2} P(k) \approx \\ &\approx \int_{n_1-\frac{1}{2}}^{n_2+\frac{1}{2}} \frac{1}{\sqrt{2\pi Np(1-p)}} \exp\Big(-\frac{(x-Np)^2}{2Np(1-p)}\Big)\, dx \end{aligned} \tag{2.8}$$

Ponendo $Np(1-p) = \sigma^2$ e con il cambiamento di variabili $x - Np = \sigma y$ si ottiene

$$\boxed{P(n_1 \leq K \leq n_2) \approx \int_a^b \frac{1}{\sqrt{2\pi}} \exp\Big(-\frac{y^2}{2}\Big)\, dy = Q(a) - Q(b)} \tag{2.9}$$

dove

$$a = \frac{n_1 - Np - 1/2}{\sigma} \tag{2.10}$$

$$b = \frac{n_2 - Np + 1/2}{\sigma} \tag{2.11}$$

e la funzione $Q(z)$ è definita da

$$Q(z) = \int_z^\infty \frac{1}{\sqrt{2\pi}} \exp\Big(-\frac{y^2}{2}\Big)\, dy \tag{2.12}$$

Questa funzione non è esprimibile in forma chiusa, ma è di uso così frequente che la si trova tabulata quasi ovunque. Ne esistono anche buone approssimazioni (si vedano gli esercizi). Alcuni valori della funzione $Q(z)$ sono indicati in Tab. 2.1.

Tabella 2.1: Alcuni valori della funzione $Q(z)$

z	0	1	2	3	4	5	6
$Q(z)$	0.5	0.16	0.023	$1.3 \cdot 10^{-3}$	$3.2 \cdot 10^{-5}$	$3 \cdot 10^{-7}$	$9.9 \cdot 10^{-10}$

[3]si osservi che si è posta l'ampiezza dell'intervallo di integrazione uguale al numero di termini nella somma, che è $n_2 - n_1 + 1$; se $n_2 - n_1$ è grande si può ignorare questa raffinatezza, e integrare tra n_1 e n_2

Per valori negativi dell'argomento si ha $Q(-z) = 1 - Q(z)$. È diffuso anche l'uso di funzioni equivalenti, ad esempio la *funzione errore*[4]

$$erf(z) = \frac{2}{\sqrt{\pi}} \int_0^z \exp(-y^2)\, dy \tag{2.13}$$

e la *funzione errore complementare* $erfc(z) = 1 - erf(z)$.

Il rapporto $\frac{K}{N}$ viene detto *frequenza relativa* (o *frequenza*). Ignorando per semplicità il termine correttivo $\pm 1/2$ nella (2.8) si ha

$$\begin{aligned} P(p - \varepsilon \le \frac{K}{N} \le p + \varepsilon) &= P(Np - N\varepsilon \le K \le Np + N\varepsilon) \approx \\ &\approx 1 - 2Q(\frac{\sqrt{N}\varepsilon}{\sqrt{p(1-p)}}) \end{aligned} \tag{2.14}$$

e questa tende a 1, per $N \to \infty$ per ogni $\varepsilon > 0$. Si ottiene quindi la forma di *Bernoulli* della *legge debole dei grandi numeri*[5]:

$$\boxed{\text{per ogni } \varepsilon > 0 \quad \lim_{N\to\infty} P(|\frac{K}{N} - p| > \varepsilon) = 0} \tag{2.15}$$

Per N tendente a infinito il numero di successi K si disperde sempre più intorno a Np, ma la frequenza relativa $\frac{K}{N}$ si concentra sempre più intorno al valore più probabile p.

Se si è disposti a considerare praticamente impossibili eventi con probabilità dell'ordine di 10^{-3}, poiché $Q(3) \approx 10^{-3}$ si sarà quasi certi che

$$\boxed{Np - 3\sqrt{Np(1-p)} \le K \le Np + 3\sqrt{Np(1-p)}} \tag{2.16}$$

Ad esempio nel lancio di 100 monete sarà quasi sicuramente $35 \le K \le 65$, in 10.000 lanci $4850 \le K \le 5150$. I più ottimisti sceglieranno come scarto massimo 2σ invece di 3σ, mentre i più prudenti preferiranno 4σ o 5σ. Gli incontentabili respingeranno la teoria delle probabilità, perché non garantisce neppure che non si possano avere 100 teste in 100 lanci.

[4]si noti tuttavia che sono diffuse definizioni della funzione errore diverse da questa; ciò provoca non piccoli fraintendimenti

[5]*Bernoulli* non aveva a disposizione il teorema di *De Moivre-Laplace*; diede una dimostrazione ben più complessa, ma priva di approssimazioni

Infatti ciò è possibile, e come si è visto ha probabilità $2^{-100} \approx 10^{-30}$. Per dare un'idea di cosa voglia dire questa probabilità, un conto grossolano mostra che è all'incirca la probabilità di vincere per quattro anni consecutivi il primo premio della lotteria di capodanno comprando ogni volta un solo biglietto.

Il lettore non si lasci spaventare dal fatto che la sequenza di 100 risultati che effettivamente si verifica ha anch'essa probabilità 10^{-30}, cioè è anch'essa assolutamente incredibile. Infatti nessuno sarebbe disposto a scommettere sulla esatta sequenza di risultati nei 100 lanci. Si è invece disposti a scommettere su $35 \leq K \leq 65$ perché questo evento è composto da circa 10^{30} risultati, ed ha quindi probabilità prossima ad uno. L'evento $K < 35$ è invece composto da *solo* circa 10^{27} risultati, ed è quindi piuttosto raro.

2.2 Misura di una probabilità

Eseguito N volte indipendentemente un esperimento, la frequenza relativa $f = \frac{K}{N}$ di un evento è una stima della sua probabilità p. Se N è sufficientemente grande si avrà, con grande probabilità,

$$p - 3\sqrt{\frac{p(1-p)}{N}} \leq f \leq p + 3\sqrt{\frac{p(1-p)}{N}} \tag{2.17}$$

ovvero

$$f - 3\sqrt{\frac{p(1-p)}{N}} \leq p \leq f + 3\sqrt{\frac{p(1-p)}{N}} \tag{2.18}$$

L'incertezza della misura dipende da p, che non è perfettamente noto. Tuttavia p è prossimo ad f e quindi si potrà scrivere il risultato della misura come

$$\boxed{p = f \pm 3\sqrt{\frac{f(1-f)}{N}}} \tag{2.19}$$

Esempio 2.2.1. Si lanci $N = 10000$ volte una moneta non truccata. Si ha $p = 0.5$ e $\sqrt{Np(1-p)} = 50$. Il numero K di successi non sarà esattamente 5000, ma 5000 ± 150. Dividendo per N, la frequenza dei successi sarà $f = K/N = 0.5 \pm 0.015$.

Supponiamo ora di non conoscere p, di eseguire i lanci e di ottenere $K = 4940$ teste. Non si deve concludere che $p = 0.494$, perché anche valori di

p lievemente diversi sono compatibili con 4940 successi. Tenendo conto dell'incertezza della frequenza relativa, si concluderà che $p = 0.494 \pm 0.015$.

Esempio 2.2.2. Si vuole misurare una probabilità piccola ($1 - f \approx 1$). Se si vuole che σ sia il 10% di p occorrono 100 successi. Se si desidera che 3σ sia il 10% di p occorrono circa un migliaio di successi, ovvero $N = 1000/p$ prove. Per $p = 0.1$ si ha $N = 10^4$, ma per $p = 10^{-5}$ sono richieste 10^8 prove.

Le probabilità piccole sono difficili da misurare. Si capisce bene quanto possa essere difficile misurare una densità di probabilità $f(x)$. Si dovrà sostituire l'intervallo infinitesimo dx con un Δx sufficientemente grande, anche se ciò costa una perdita di risoluzione, in modo da avere una misura affidabile di $P(x < X \leq x + \Delta x)$. Ancora più difficile è la misura di una densità congiunta $f(x, y)$: si dovrebbe misurare una probabilità infinitesima due volte. La misura di una densità condizionata $f(x|y)$ è altrettanto difficile: occorre ripetere molte volte l'esperimento, attendendo pazientemente che sia X sia Y cadano un numero sufficiente di volte nel loro piccolo intervallo.

Esempio 2.2.3. Si supponga di voler *misurare* le probabilità di k successi in $n = 100$ prove, con probabilità di successo 0.5 nella singola prova (ad esempio 100 lanci di moneta onesta). Poiché sono note le probabilità $P(k)$ date dalla distribuzione binomiale, si potranno confrontare i risultati della misura con i valori teorici. L'esperimento, consistente in 100 prove, sarà ripetuto un numero N sufficientemente grande di volte[6]. Si scelga ad esempio $N = 10000$. Per $k = 50$, che è il valore più probabile del numero di successi, la binomiale fornisce $P(k) = 7.96 \cdot 10^{-2}$. Quindi 50 successi in 100 prove sono attesi in circa 796 delle 10000 esecuzioni dell'esperimento. L'esperimento casuale è stato effettivamente eseguito[7] e si è ottenuto 808 volte $K = 50$. La stima di $P(50)$ è quindi $8.08 \cdot 10^{-2} \pm 8 \cdot 10^{-3}$.

Analogamente sono stati misurati i valori di $P(k)$ per tutti i k compresi tra 30 e 70, ottenendo i punti in Fig. 2.4. Sono mostrati anche i valori

[6]non si confonda il numero n di prove che compongono l'esperimento casuale di cui si vogliono misurare le probabilità con il numero N di esecuzioni dell'esperimento stesso

[7]non si sono lanciate in totale un milione di monete! si è eseguito su un calcolatore un esperimento equivalente

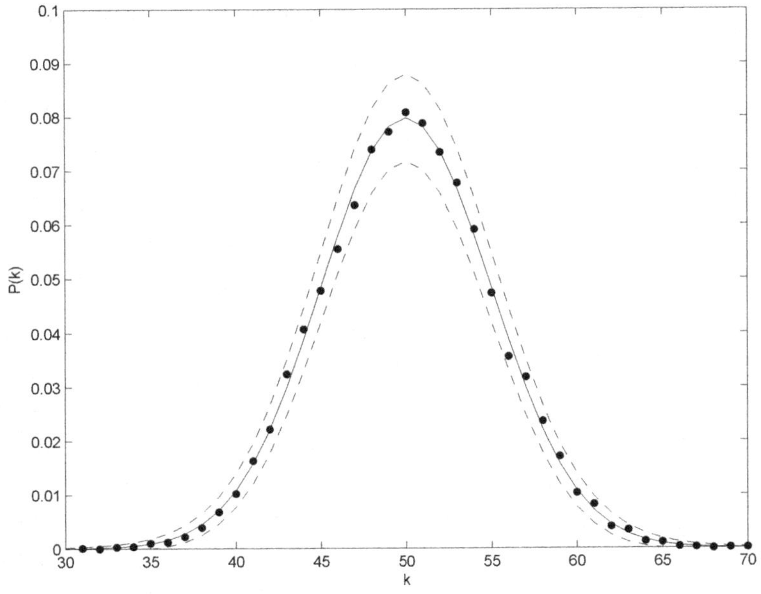

Figura 2.4: Misura della probabilità di k successi in $n = 100$ prove ($p = 0.5$)

teorici (curva continua) e la fascia corrispondente all'incertezza della misura (tra le curve tratteggiate). Come si può vedere tutti i valori misurati stanno nella fascia. Naturalmente se si ripetesse il blocco di 10000 esperimenti si otterrebbero nuove stime casuali delle $P(k)$ e occasionalmente i punti potrebbero uscire dalla fascia.

Esempio 2.2.4. Avendo a disposizione un generatore di variabili casuali *gaussiane*, con *ddp* $f_X(x) = \frac{1}{\sqrt{2\pi}} \exp(-\frac{x^2}{2})$, si vuole verificarne sperimentalmente l'accordo con la densità di probabilità teorica. Generati N campioni della variabile casuale, si può generare un *istogramma*, in cui si riportano in ascissa i valori della variabile suddivisi in intervalli di uguale ampiezza e in ordinata il numero di campioni osservati in ciascun intervallo. Per ottenere la *ddp* si deve dividere per il numero N complessivo di campioni, per ottenere delle probabilità, e per l'ampiezza degli intervalli, per ricavare la densità; è consuetudine lasciare questo compito all'utilizzatore, riportando nell'istogramma il numero complessivo di risultati contenuti in ciascuna cella. La Fig. 2.5 mostra quattro esempi di istogrammi ottenuti da $N = 1000$ campioni gaussiani indipendenti, variando solo la dimensione delle celle. Intervalli ampi consentono misure affidabili

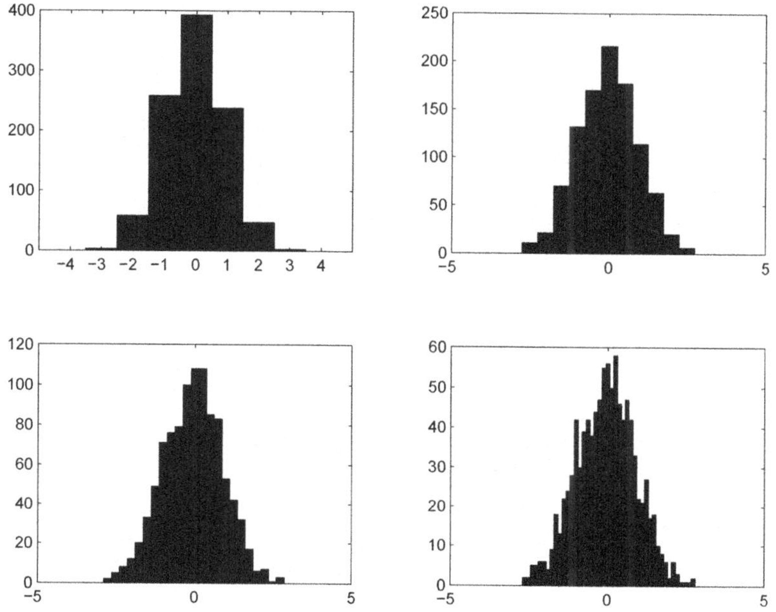

Figura 2.5: Istogrammi di una variabile casuale gaussiana ($N = 1000$ campioni)

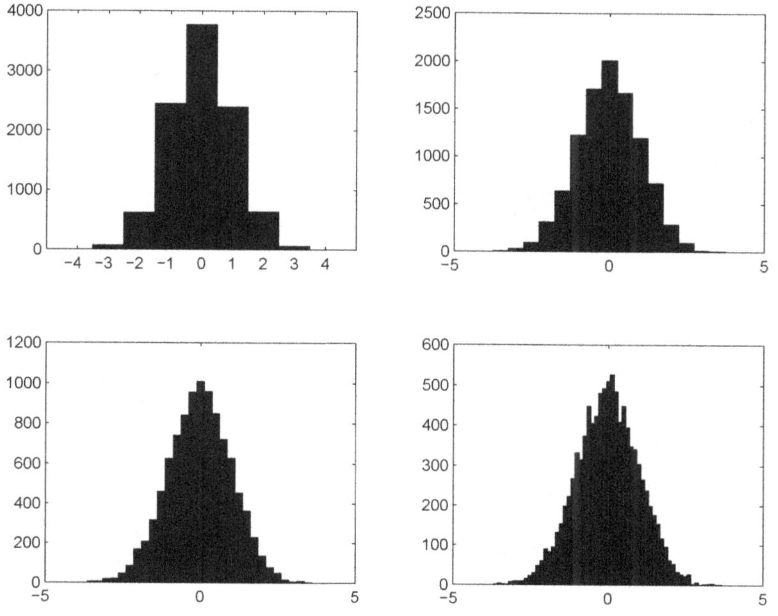

Figura 2.6: Istogrammi di una variabile casuale gaussiana ($N = 10000$ campioni)

delle probabilità, ma forniscono un grafico con scarsa risoluzione sull'asse delle ascisse. Intervalli troppo piccoli danno istogrammi poco leggibili, come il terzo e il quarto, perché le misure delle probabilità sono imprecise per la scarsità del numero di campioni caduti in ciascuna cella. La Fig. 2.6 è ottenuta con $N = 10000$ campioni complessivi ed ha risoluzione migliore.

2.3 Distribuzione di *Poisson*

Quando $p \ll 1$, $k \ll N$ e $kp \ll 1$ la probabilità di k successi in N prove può essere approssimata in modo più semplice della (2.7), ed anche più accurato:

$$\begin{aligned} P(k) &= \binom{N}{k} p^k (1-p)^{N-k} = \\ &= \frac{N(N-1)\cdots(N-k+1)}{k!} p^k (1-p)^N (1-p)^{-k} \approx \\ &\approx \frac{N^k p^k}{k!} \exp(-Np) = \frac{\lambda^k}{k!} \exp(-\lambda) \end{aligned} \tag{2.20}$$

dove $\lambda = Np$. Si noti che con questa approssimazione si ha anche il vantaggio di un unico parametro λ invece di due, N e p. Le approssimazioni che si sono usate sono

- $N-1 \approx N-2 \approx \cdots \approx N-k+1 \approx N$
- $1-p \approx \exp(-p) \quad$ e quindi $\quad (1-p)^N \approx \exp(-Np)$
- $(1-p)^{-k} \approx \exp(kp) \approx 1$

Conviene addirittura supporre N infinito e p infinitesimo, con prodotto finito λ, e considerare la (2.20) valida per k da 0 a infinito, ottenendo la distribuzione[8] *di Poisson*

$$\boxed{P(k) = \frac{\lambda^k}{k!} \exp(-\lambda)} \tag{2.21}$$

[8]soprattutto nel caso discreto è molto comune usare il termine *distribuzione*, benché improprio, come sinonimo di assegnazione di probabilità; alcuni preferiscono *densità discreta*, anch'esso non molto felice perché le $P(k)$ sono probabilità e non densità di probabilità

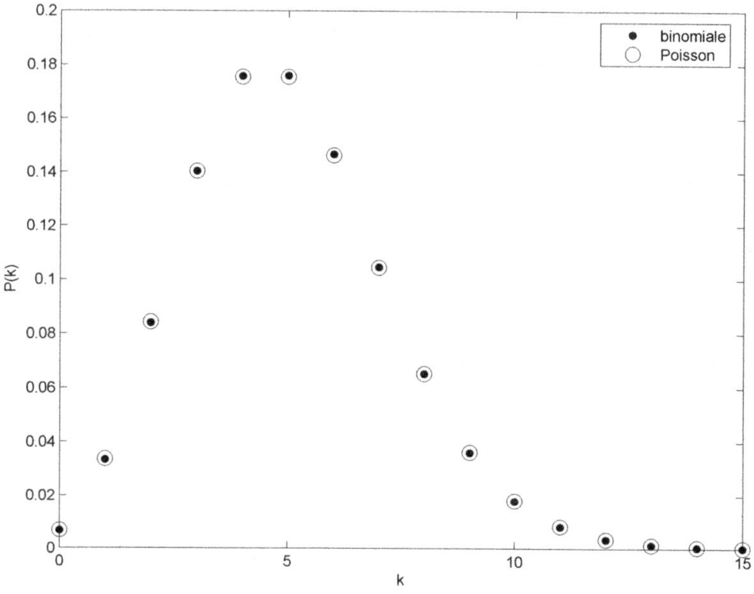

Figura 2.7: Probabilità di k successi in $N = 1000$ prove ($p = 0.005$)

È anche una piacevole sorpresa verificare che

$$\sum_{k=0}^{\infty} P(k) = \sum_{k=0}^{\infty} \frac{\lambda^k}{k!} \exp(-\lambda) = \exp(\lambda) \exp(-\lambda) = 1 \tag{2.22}$$

e cioè che la distribuzione di *Poisson* non è solo una *approssimazione* della binomiale, ma è anche una assegnazione di probabilità lecita. In perfetta analogia con la distribuzione binomiale si trova che il valore più probabile di k è intorno a λ.

Esempio 2.3.1. In Fig. 2.7 sono mostrati i valori di $P(k)$ per k da 0 a 15, calcolati con la binomiale e approssimati con la distribuzione di *Poisson*, nel caso $N = 1000$ e $p = 0.005$.

2.3.1 Eventi di *Poisson*

Nel mondo fisico capita frequentemente che il numero casuale di eventi di un tipo prefissato in un intervallo di tempo di durata prefissata sia distribuito secondo *Poisson*. Gli esempi sono innumerevoli: le particelle emesse da un isotopo radioattivo; la generazione di coppie elettrone-lacuna in un semiconduttore, per agitazione termica; la ricombinazione delle stesse; le chiamate telefoniche che arrivano in centrale; le richieste di servizio dei tipi più disparati; il soddisfacimento delle stesse; e cosi via.

Infatti in tutti questi casi è ragionevole assumere che ogni intervallo di tempo infinitesimo dt corrisponda ad una *prova*, in cui può capitare uno degli eventi che si stanno contando, ma con probabilità infinitesima $\nu\, dt$ perché l'intervallo di tempo è infinitesimo. Con probabilità $1 - \nu\, dt$ non accade nulla, e si può ritenere trascurabile (infinitesima di ordine superiore) la probabilità di due o più successi nel tempo dt. Se la popolazione di particelle o di possibili utenti di un servizio è molto vasta, il risultato della singola prova ha effetto trascurabile sulle successive prove, che possono quindi essere ritenute indipendenti.

In un intervallo di tempo T si eseguono T/dt prove. Il numero di successi nell'intervallo T viene dunque ad avere distribuzione di *Poisson*, con $\lambda = (T/dt)(\nu\, dt) = \nu\, T$.

Può essere istruttivo riottenere questo risultato in altro modo, esaminando per un k prefissato l'andamento di $P_T(k) = P(k \text{ eventi nell'intervallo } T)$ in funzione di T.

Ad esempio $P_T(0)$ vale uno per $T = 0$, ma poi decresce via via fino a zero perché in ogni istante può accadere un evento:

$$P_{T+dT}(0) = P_T(0)(1 - \nu\, dT) \tag{2.23}$$

ovvero

$$\frac{dP_T(0)}{dT} = -\nu P_T(0) \tag{2.24}$$

che risolta con la condizione iniziale $P_0(0) = 1$ fornisce

$$P_T(0) = \exp(-\nu T) \tag{2.25}$$

Per quanto riguarda $P_T(1)$ il valore iniziale per $T = 0$ è zero. Poi la probabilità cresce perché può accadere un evento, ma infine decresce perché aumenta la probabilità di due o più eventi:

$$P_{T+dT}(1) = P_T(1)(1 - \nu\, dT) + P_T(0)\nu\, dT \tag{2.26}$$

da cui si ottiene

$$\frac{dP_T(1)}{dT} = -\nu P_T(1) + \nu P_T(0) \tag{2.27}$$

e infine, risolvendo l'equazione differenziale,

$$P_T(1) = \nu T \exp(-\nu T) \tag{2.28}$$

In modo analogo si calcolano recursivamente $P_T(2)$, $P_T(3), \ldots$ ottenendo

$$\frac{dP_T(k)}{dT} = -\nu P_T(k) + \nu P_T(k-1) \tag{2.29}$$

che risolta dà

$$P_T(k) = \frac{(\nu T)^k}{k!} \exp(-\nu T) \tag{2.30}$$

Si noti che $\lambda = \nu T$ cresce con T, ma per ogni T la somma di tutte le $P_T(k)$ è unitaria. Man mano che passa il tempo diventano più probabili valori crescenti di k.

In molti problemi del mondo fisico si studiano probabilità variabili nel tempo in modo simile: si impostano e si risolvono equazioni differenziali che descrivono come queste probabilità variano nel tempo.

2.3.2 Intervallo tra eventi di *Poisson*

Se si considera l'intervallo di tempo Z che intercorre tra un evento di *Poisson* e il successivo la distribuzione $F_Z(z)$ è pari alla probabilità che sia $Z \leq z$, e cioè che nel tempo z si abbia almeno un evento di *Poisson*:

$$\begin{aligned} F_Z(z) &= P(Z \leq z) = P(\text{almeno un evento}) = \\ &= 1 - P_z(0) = 1 - \exp(-\nu z) \end{aligned} \tag{2.31}$$

e quindi la *ddp* è *esponenziale*:

$$f_Z(z) = \nu \exp(-\nu z) \qquad z \geq 0 \tag{2.32}$$

È interessante osservare che se si sceglie un istante qualsiasi di tempo $t = t_0$, e si considera l'intervallo di tempo X che intercorre fino al successivo evento di *Poisson* si può ripetere esattamente lo stesso calcolo: $\{X \leq x\}$ equivale a $\{\text{almeno un evento nel tempo } x\}$ e quindi la distribuzione e la *ddp* di X sono identiche a quelle di Z. A prima vista questo risultato sembra paradossale perché il tempo intercorso dall'evento precedente fino all'istante $t = t_0$ sembra sprecato inutilmente. Ma se ci si pensa meglio si deve concludere che è effettivamente sprecato: l'ipotesi fondamentale è che ci sia indipendenza statistica tra i risultati in intervalli di tempo distinti, e dunque l'aver atteso anche a lungo fino al tempo $t = t_0$ non modifica il futuro.

Si usa dire che il tempo di attesa X è una variabile casuale *senza memoria*, poiché

$$f_X(x_0 + x | X > x_0) = f_X(x) \tag{2.33}$$

Se si è già atteso inutilmente un tempo x_0 senza che sia avvenuto nulla, al tempo già trascorso occorre aggiungere un ulteriore tempo di attesa che ha la stessa *ddp* del tempo di attesa previsto inizialmente.

Un caso analogo discreto, ancora più semplice da capire, è l'esperimento in cui si lancia ripetutamente una moneta fino a quando si ottiene testa per la prima volta. È facile calcolare le probabilità di dover effettuare $1, 2, \ldots$ lanci. Ma se capita che i primi 10 lanci abbiano dato sempre croce, le possibilità future *non migliorano*: occorrono ancora $1, 2, \ldots$ altri lanci, con le stesse probabilità che si avevano all'inizio. E se altri 10 lanci dessero croce (che sfortuna!) sarebbe comunque come cominciare da capo. Anche la distribuzione del numero di lanci richiesto per ottenere la prima testa non ha memoria. Il motivo è che *i lanci non hanno memoria.* Nel caso degli eventi di *Poisson* si esegue un lancio ogni intervallo di tempo dt, con una moneta che dà testa con probabilità infinitesima νdt.

Per proseguire con gli apparenti paradossi, si consideri l'intervallo Y tra l'ultimo evento di *Poisson* e ad esempio l'istante $t = t_0$ (ovvero l'evento precedente è accaduto al tempo $t = t_0 - Y$). Con il solito calcolo si ottiene

$$f_Y(y) = \nu \exp(-\nu y) \qquad y \geq 0 \tag{2.34}$$

È anche evidente che le variabili casuali X e Y sono indipendenti, perché relative ad intervalli di tempo disgiunti. Sia U l'intervallo di tempo tra l'istante $t = t_0 - Y$ in cui si è avuto l'evento precedente e l'istante $t = t_0 + X$ in cui capita il successivo, ovvero $U = X + Y$. La *ddp* di U è la convoluzione tra le *ddp* di X e di Y. Il risultato del calcolo è

$$f_U(u) = \nu^2 u \exp(-\nu u) \qquad u \geq 0 \tag{2.35}$$

Ma questo sembra veramente assurdo, perché U è l'intervallo di tempo tra due successivi eventi di *Poisson* e quindi dovrebbe avere *ddp* esponenziale. Quale è dunque il risultato giusto? La risposta è: sono entrambi giusti, ma sono relativi a *esperimenti diversi.* Nel primo esperimento si è effettivamente scelto a caso un intervallo tra due eventi. Nel secondo esperimento si è scelto a caso un istante di tempo t_0 e si è considerato l'intervallo tra eventi in cui questo istante cade. Questo secondo modo di scegliere l'intervallo privilegia gli intervalli più lunghi e sfavorisce i più corti. Si noti infatti in $f(u)$ la presenza di u a moltiplicare l'esponenziale. Gli intervalli molto brevi non vengono scelti quasi mai.

Si noti che purtroppo il secondo è il modo in cui "scegliamo" un intervallo quando andiamo ad aspettare il passaggio di un tram. Naturalmente i tram non si materializzano dietro la curva come eventi di *Poisson.* Tuttavia gli intervalli tra passaggi successivi non sono uguali, ed inevitabilmente abbiamo maggior probabilità di cadere nei più lunghi. Ci sarebbe un modo per alleviare questo spiacevole inconveniente, anche senza aumentare il numero complessivo dei tram: stabilire un orario con passaggi equispaziati (e questo è facile), e *rispettarlo* (ci riescono solo nei paesi privi di fantasia e creatività). I passeggeri, anche quelli che non conoscessero gli orari, non potrebbero più "scegliere" gli intervalli più lunghi, e i tempi di attesa si ridurrebbero (si vedano anche gli esercizi).

2.4 Valori medi e legge dei grandi numeri

Avendo già accertato che la frequenza relativa di un evento tende alla probabilità per N tendente all'infinito, si capisce che si possono fare previsioni anche sulla media aritmetica dei valori assunti da una variabile casuale in N prove. Infatti se x_k è un possibile valore di una variabile casuale discreta, l'evento $\{X = x_k\}$ si presenta con frequenza prossima a $P(X = x_k)$ cioè circa $NP(X = x_k)$ volte. Se X_i è il risultato dell'i-esimo esperimento ($i = 1, 2, \ldots, N$), per la media aritmetica dei risultati negli N esperimenti si ha

$$\overline{X}_N = \frac{1}{N}\sum_{i=1}^{N} X_i \approx \sum_k x_k P(X = x_k) \tag{2.36}$$

dove l'ultima somma include tutti i valori possibili x_k della variabile casuale. Analogamente nel caso di variabili casuali continue si ha

$$\overline{X}_N = \frac{1}{N}\sum_{i=1}^{N} X_i \approx \int_{-\infty}^{\infty} x f(x)\, dx \tag{2.37}$$

Definiamo dunque il *valore medio* (o *valore atteso*) della variabile casuale X come[9]

$$\boxed{E[X] = \sum_k x_k P(X = x_k)} \tag{2.38}$$

[9] E sta per *expected value*; alcuni autori sostituiscono le parentesi quadre con parentesi tonde (o talvolta graffe); *medio* (o *atteso*) non si riferisce al risultato del singolo esperimento, che è imprevedibile, ma alla media aritmetica dei risultati di molti esperimenti

(nel caso di infiniti risultati occorre che la serie converga) oppure, nel caso continuo,

$$\boxed{E[X] = \int_{-\infty}^{\infty} x f(x)\, dx} \tag{2.39}$$

(sempre che l'integrale esista), per poi dimostrare la *legge debole dei grandi numeri*: la media aritmetica dei risultati X_i dell'esperimento ripetuto indipendentemente N volte

$$\overline{X}_N = \frac{1}{N} \sum_{i=1}^{N} X_i \tag{2.40}$$

tende per $N \to \infty$ al valore medio, nel senso che

$$\lim_{N\to\infty} P(|\overline{X}_N - E[X]| > \varepsilon) = 0 \tag{2.41}$$

La dimostrazione risulterà molto semplice dopo aver esaminato le proprietà del valore medio $E[X]$ ed avere definito altri utili valori medi.

È quasi inutile dire che $E[X]$ non ha il dovere di essere un valore possibile per la variabile casuale X. Basta infatti pensare ad una variabile casuale X a due soli valori, 0 e 1, con $P(X = 1) = p$ e $P(X = 0) = 1 - p$, in cui $E[X] = p$. È anche evidente che se $f(x)$ è una funzione simmetrica intorno ad x_0 e il valore medio esiste[10] risulta $E[X] = x_0$.

2.4.1 Valore medio di funzioni di variabili casuali

La proprietà fondamentale del valore medio è che per determinare il valore medio $E[Y]$ di una funzione di variabili casuali $Y = g(X_1, \ldots, X_N)$ non è necessario (né quasi mai conveniente) calcolare la *ddp* $f_Y(y)$ e poi il valore medio secondo la definizione.

Si consideri ad esempio il caso di una variabile casuale Y funzione di una sola variabile casuale X. In modo del tutto analogo alla (1.88), con il cambiamento di variabile $y = g(x)$ si ottiene immediatamente

$$\boxed{E[Y]} = \int_{-\infty}^{\infty} y f_Y(y)\, dy = \boxed{\int_{-\infty}^{\infty} g(x) f_X(x)\, dx} \tag{2.42}$$

[10] un esempio di *ddp* simmetrica per cui il valore medio non esiste è $f(x) = \frac{1}{\pi(1+x^2)}$; l'integrale che calcola il valore medio diverge sia a $-\infty$ sia a ∞

Più in generale, se Y è funzione di più variabili casuali si ha

$$\boxed{E[Y] = \int_{-\infty}^{\infty} \cdots \int_{-\infty}^{\infty} g(x_1, \ldots, x_N) f(x_1, \ldots, x_N) dx_1 \cdots dx_N} \tag{2.43}$$

La dimostrazione di questa proprietà è agevole se si sa utilizzare la funzione impulsiva. Infatti ricordando che

$$f(y) = \int_{-\infty}^{\infty} \cdots \int_{-\infty}^{\infty} \delta(y - g(x_1, \ldots, x_N)) f(x_1, \ldots, x_N) dx_1 \cdots dx_N \tag{2.44}$$

integrando rispetto alla variabile y si ottiene

$$\begin{aligned} E[Y] &= \int_{-\infty}^{\infty} y\, dy \int_{-\infty}^{\infty} \cdots \int_{-\infty}^{\infty} \delta(y - g(x_1, \ldots, x_N)) f(x_1, \ldots, x_N) dx_1 \cdots dx_N = \\ &= \int_{-\infty}^{\infty} \cdots \int_{-\infty}^{\infty} g(x_1, \ldots, x_N) f(x_1, \ldots, x_N) dx_1 \cdots dx_N \end{aligned} \tag{2.45}$$

Il significato è che l'evento $\{y < Y \leq y + dy\}$ si scompone in somma di eventi aventi probabilità $f(x_1, \ldots, x_N)dx_1 \cdots dx_N$ dove gli $x_1, \ldots, x_N$ sono tali che sia $g(x_1, \ldots, x_N) = y$.

2.4.2 Proprietà del valore medio

Ogni operazione lecita sull'integrale (2.43) corrisponde ad una proprietà del valore medio. In particolare le proprietà immediatamente dimostrabili sono:

- il valore medio della somma di variabili casuali o funzioni di variabili casuali è pari alla somma dei rispettivi valori medi; si noti che questo risultato vale anche per variabili casuali *non indipendenti*
- se a e b sono costanti $E[aX + b] = aE[X] + b$
- se X e Y sono statisticamente indipendenti $E[g(X)h(Y)] = E[g(X)]\, E[h(Y)]$ (se questi valori medi esistono); infatti

$$\begin{aligned} E[g(X)h(Y)] &= \int_{-\infty}^{\infty} \int_{-\infty}^{\infty} g(x)h(y)f(x)f(y)\, dx\, dy = \\ &= \int_{-\infty}^{\infty} g(x)f(x)\, dx \int_{-\infty}^{\infty} h(y)f(y)\, dy = E[g(X)]E[h(Y)] \end{aligned} \tag{2.46}$$

2.4.3 Momenti di variabili casuali

Fra i valori medi di uso più frequente si hanno i *momenti non centrali*

$$\boxed{m_{kX} = E[X^k] = \int_{-\infty}^{\infty} x^k f_X(x)\, dx} \tag{2.47}$$

(in particolare per $k = 1$ e 2; l'indice $k = 1$ viene quasi sempre sottinteso) e i *momenti centrali* $\mu_{kX} = E[(X - E[X])^k]$. Il momento centrale μ_{2X}, è detto *varianza* ed è quasi sempre indicato con σ_X^2 (talvolta con $Var[X]$). La varianza può essere considerata una misura sintetica dello scostamento di X dal suo valore medio[11]. Alla radice σ_X della varianza si dà il nome di *deviazione standard* o *scarto quadratico medio.*

E' immediato verificare che vale la relazione

$$\boxed{\sigma_X^2} = E[(X-m_X)^2] = E[X^2]-2E[X]m_X+m_X^2 = \boxed{E[X^2] - m_X^2} \tag{2.48}$$

che viene spesso utilizzata per calcolare il momento non centrale del secondo ordine da valore medio e varianza:

$$\boxed{E[X^2] = m_X^2 + \sigma_X^2} \tag{2.49}$$

Quest'ultima relazione mostra che un momento non centrale del secondo ordine è sempre maggiore della varianza.

Per più variabili casuali i momenti di uso più comune sono il momento congiunto

$$\boxed{E[XY] = \int_{-\infty}^{\infty} \int_{-\infty}^{\infty} xy f_{XY}(x,y)\, dx\, dy} \tag{2.50}$$

detto *correlazione*, il momento centrale $E[(X-m_X)(Y-m_Y)] = E[XY]-m_X m_Y$ detto *covarianza* e spesso indicato con σ_{XY}, ed il *coefficiente di correlazione lineare*

$$\boxed{r = \frac{\sigma_{XY}}{\sigma_X \sigma_Y}} \tag{2.51}$$

Si dimostra facilmente (si vedano gli esercizi) che $|r| \leq 1$, con uguaglianza se e solo se le variabili casuali X e Y sono legate linearmente in modo deterministico, cioè se $Y = aX + b$.

[11]anche $E[|X - m_X|]$ sarebbe una misura più che ragionevole, ma più difficile da trattare analiticamente

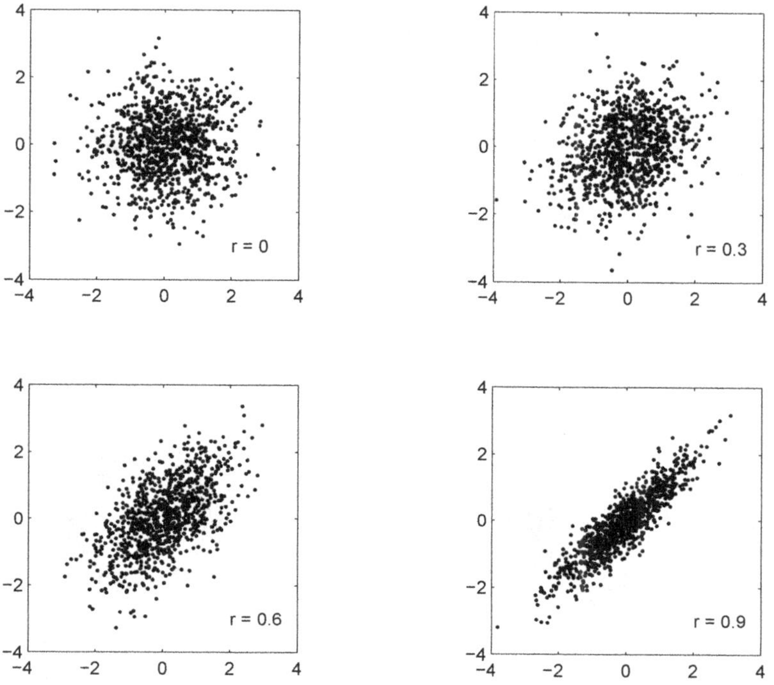

Figura 2.8: Esempi di scattergrammi e relativi coefficienti di correlazione lineare

Se $r = 0$, cioè se $E[XY] = E[X]E[Y]$, le variabili casuali X e Y sono dette *incorrelate*. Si verifica facilmente che due variabili casuali indipendenti sono sicuramente incorrelate, mentre solitamente l'incorrelazione non implica l'indipendenza.

Un semplice metodo molto utilizzato per mettere sperimentalmente in evidenza eventuali legami, lineari o non lineari, tra due variabili casuali X e Y è lo *scattergramma*: eseguito N volte l'esperimento che produce la coppia di variabili casuali, si riportano su un grafico gli N punti con coordinate X, Y, come in Fig. 2.8. La *ddp* congiunta è difficilmente riconoscibile (in tutti gli esempi in figura è gaussiana). Appare invece abbastanza evidente un parziale legame lineare tra le due variabili casuali, quando il coefficiente di correlazione lineare r è (molto) diverso da zero.

Lo scattergramma è uno strumento certamente qualitativo, ma utile per individuare facilmente relazioni tra le variabili casuali. Anche legami non lineari risultano evidenti, come mostra la Fig. 2.9. È indicato anche il coefficiente di correlazione lineare, di nessuna utilità in casi come questi.

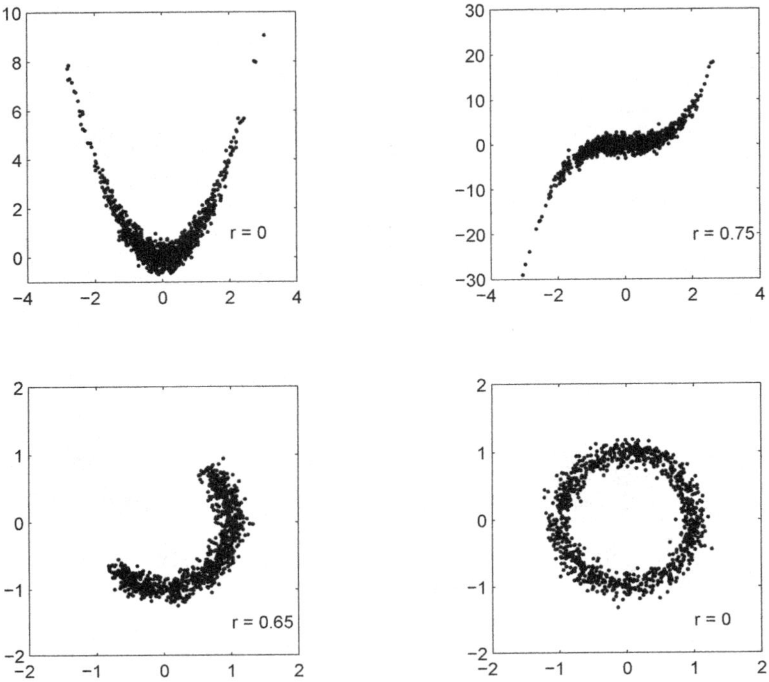

Figura 2.9: Esempi di scattergrammi di coppie di variabili casuali non legate linearmente

2.4.4 Funzione caratteristica e funzione generatrice dei momenti

Un valore medio di uso comune, soprattutto come strumento di calcolo, è la *funzione caratteristica*

$$\Phi_X(u) = E[\exp(juX)] = \int_{-\infty}^{\infty} \exp(jux) f(x)\, dx \tag{2.52}$$

dove j è l'unità immaginaria. La funzione caratteristica è sostanzialmente la *trasformata di Fourier* della densità $f(x)$. Il valore in $u = 0$ è $\Phi_X(0) = 1$, e poiché $|\exp(jux)| = 1$ tale valore non può essere superato.

Equivalente alla funzione caratteristica è la *funzione generatrice dei momenti*[12]

$$M_X(s) = E[\exp(sX)] = \int_{-\infty}^{\infty} \exp(sx) f(x)\, dx \tag{2.53}$$

[12]somiglia alla *trasformata bilatera di Laplace* della *ddp*

Per passare dall'una all'altra basta sostituire s a ju.

La corrispondenza tra *ddp* e funzioni caratteristiche (o funzioni generatrici dei momenti) è biunivoca. Ad esempio è possibile riottenere $f(x)$ da $\Phi(u)$ mediante la formula di inversione

$$f(x) = \frac{1}{2\pi} \int_{-\infty}^{\infty} \exp(-jux)\Phi(u)\, du \tag{2.54}$$

ben nota a chi conosce la trasformata di *Fourier*.

La proprietà di uso più frequente è che la funzione caratteristica della somma di variabili casuali indipendenti è data dal prodotto delle funzioni caratteristiche. Infatti se $Z = X + Y$

$$\begin{aligned}\Phi_Z(u) &= E[\exp(juZ)] = E[\exp(ju(X+Y))] = \\ &= E[\exp(juX)\exp(juY)] = E[\exp(juX)]E[\exp(juY)] = \\ &= \Phi_X(u)\Phi_Y(u)\end{aligned} \tag{2.55}$$

dove l'indipendenza garantisce che il valore medio del prodotto sia uguale al prodotto dei valori medi.

È lasciato al lettore verificare che i momenti, se esistono, sono dati da

$$m_k = \frac{1}{j^k} \left.\frac{d^k\, \Phi_X(u)}{du^k}\right|_{u=0} = \left.\frac{d^k\, M_X(s)}{ds^k}\right|_{s=0} \tag{2.56}$$

In modo analogo si possono definire funzioni caratteristiche e funzioni generatrici dei momenti congiunte, utili per calcolare momenti congiunti di più variabili casuali. Ad esempio:

$$M_{X_1X_2}(s_1, s_2) = E[\exp(s_1X_1 + s_2X_2)] \tag{2.57}$$

$$E[X_1^i X_2^k] = \left.\frac{\partial^{i+k} M(s_1, s_2)}{\partial^i s_1\, \partial^k s_2}\right|_{s_1=0, s_2=0} \tag{2.58}$$

Vediamo alcuni esempi di funzioni generatrici dei momenti.

Esempio 2.4.1. La funzione generatrice dei momenti del numero K di successi in N prove ripetute è data da

$$\begin{aligned}M(s) = E[\exp(sK)] &= \sum_{k=0}^{N} \exp(sk) \binom{N}{k} p^k (1-p)^{N-k} = \\ &= (p\exp(s) + 1 - p)^N\end{aligned} \tag{2.59}$$

Il valore medio di K è dato dalla derivata di $M(s)$ in $s = 0$, ovvero

$$E[K] = N(p\exp(s) + 1 - p)^{N-1} p\exp(s)\big|_{s=0} = Np \tag{2.60}$$

Dalla derivata seconda si ottiene che il valore medio del quadrato è

$$E[K^2] = N^2p^2 - Np^2 + Np \tag{2.61}$$

da cui si può ricavare che la varianza è $\sigma_K^2 = Np(1-p)$.

Esempio 2.4.2. Si eseguono N_1 prove ripetute ottenendo K_1 successi, poi altre N_2 prove con K_2 successi. La distribuzione di $K = K_1 + K_2$ deve evidentemente essere binomiale. Potremmo verificarlo mediante la convoluzione (discreta) delle probabilità di k_1 e k_2 successi nelle due serie di prove, ma è molto più semplice farlo con la funzione generatrice dei momenti:

$$M_K(s) = M_{K_1}(s)M_{K_2}(s) = (p\exp(s) + 1 - p)^{N_1+N_2} \tag{2.62}$$

Esempio 2.4.3. La funzione generatrice dei momenti della distribuzione di *Poisson* è data da[13]

$$M(s) = E[\exp(sK)] = \sum_{k=0}^{\infty} \exp(sk)\frac{\lambda^k}{k!}\exp(-\lambda) = \exp(\lambda(\exp(s) - 1)) \tag{2.63}$$

Il valore medio di K è dato dalla derivata di $M(s)$ in $s = 0$, ovvero

$$E[K] = \exp(\lambda(\exp(s) - 1))\lambda\exp(s)\big|_{s=0} = \lambda \tag{2.64}$$

Dalla derivata seconda si ottiene che il valore medio del quadrato è

$$\begin{aligned} E[K^2] &= \exp(\lambda(\exp(s) - 1))\lambda^2\exp(2s) + \exp(\lambda(\exp(s) - 1))\lambda\big|_{s=0} = \\ &= \lambda^2 + \lambda \end{aligned} \tag{2.65}$$

da cui si ricava che la varianza è $\sigma_K^2 = \lambda$.

Esempio 2.4.4. In un tempo T_1 si osservano K_1 eventi di *Poisson*, con valore medio $\lambda_1 = \nu T_1$ e in un successivo intervallo T_2 si osservano K_2 eventi, con valore medio $\lambda_2 = \nu T_2$. La distribuzione di $K = K_1 + K_2$ deve evidentemente essere di *Poisson*, con valore medio $\lambda = \lambda_1 + \lambda_2$. Invece di verificarlo mediante la convoluzione (discreta) usiamo la funzione generatrice dei momenti:

$$\begin{aligned} M_K(s) &= \exp(\lambda_1(\exp(s) - 1))\exp(\lambda_2(\exp(s) - 1)) = \\ &= \exp((\lambda_1 + \lambda_2)(\exp(s) - 1)) \end{aligned} \tag{2.66}$$

[13] si noti che il risultato potrebbe essere ottenuto da quello della distribuzione binomiale passando al limite per $N \to \infty$ e $p \to 0$ (si vedano gli esercizi)

2.4.5 Varianza della somma di variabili casuali incorrelate

È fondamentale osservare che la varianza della somma di variabili incorrelate è la somma delle rispettive varianze. Infatti se X e Y hanno valore medio nullo e $Z = X + Y$, risulta

$$\boxed{\sigma_Z^2} = E[(X+Y)^2] = E[X^2] + E[Y^2] + 2E[XY] = \boxed{\sigma_X^2 + \sigma_Y^2} \qquad (2.67)$$

Se i valori medi non sono nulli si esegue lo stesso calcolo sugli scarti dai rispettivi valori medi, e si ottiene lo stesso risultato.

Si noti che variabili casuali indipendenti sono sicuramente incorrelate, ma non è richiesta l'indipendenza perché le varianze si sommino (è sufficiente l'incorrelazione).

Esempio 2.4.5. Come applicazione elementare si possono calcolare il valore medio e la varianza del numero K di successi in N prove. Definendo la variabile casuale X_i, relativa all'i-esima prova, come

$$X_i = \begin{cases} 1 & \text{in caso di successo} \\ 0 & \text{in caso di insuccesso} \end{cases} \qquad (2.68)$$

si ottiene $E[X_i] = p$ e $E[X_i^2] = p$, e quindi $\sigma_{X_i}^2 = p - p^2 = p(1-p)$. Poiché $K = \sum_{i=1}^{N} X_i$ si ha

$$\boxed{E[K] = Np} \qquad \boxed{\sigma_K^2 = Np(1-p)} \qquad (2.69)$$

Come si vede, ottenere valore medio e varianza in questo modo è ancora più facile che con la funzione generatrice dei momenti.

2.5 Variabili casuali di maggior interesse

In questa sezione sono elencate le variabili casuali di maggior interesse pratico, sia continue sia discrete, con le loro proprietà principali. Si osservi che "variabile casuale con densità di probabilità uniforme" viene solitamente abbreviato in "variabile casuale uniforme". Inoltre si dice tranquillamente, ad esempio, "distribuzione uniforme" anziché "densità di probabilità uniforme".

2.5.1 Distribuzione uniforme

Una variabile casuale è detta *uniforme* se ha *ddp* costante tra a e $b > a$, e nulla altrove. La *ddp* vale $\frac{1}{b-a}$ in tale intervallo ed è simmetrica intorno ad $\frac{a+b}{2}$, che è quindi il valore medio. La varianza è il momento centrale del secondo ordine

$$\sigma_X^2 = \int_{-\frac{b-a}{2}}^{\frac{b-a}{2}} \frac{x^2}{b-a}\, dx = \frac{(b-a)^2}{12} \tag{2.70}$$

Tutti i linguaggi di programmazione prevedono un *generatore di numeri casuali*[14] uniformi tra 0 e 1. Da questi, con opportune trasformazioni, si possono ottenere variabili casuali con diversa *ddp*.

2.5.2 Distribuzione esponenziale

Una variabile casuale è *esponenziale* se ha *ddp*

$$\boxed{f(x) = \begin{cases} a\exp(-ax) & x \geq 0 \\ 0 & x < 0 \end{cases}} \tag{2.71}$$

Il valore medio è (integrando per parti)

$$\boxed{E[X]} = \int_0^\infty ax\exp(-ax)\, dx = \boxed{\frac{1}{a}} \tag{2.72}$$

Inoltre (integrando due volte per parti)

$$E[X^2] = \int_0^\infty ax^2\exp(-ax)\, dx = \frac{2}{a^2} \tag{2.73}$$

e quindi la varianza è

$$\boxed{\sigma_X^2} = E[X^2] - E[X]^2 = \boxed{\frac{1}{a^2}} \tag{2.74}$$

[14]un calcolatore è una macchina deterministica e quindi tali numeri non sono propriamente casuali; tuttavia con lunghi studi si sono trovati metodi per generare sequenze di numeri che si comportano come se fossero casuali

Sono facilmente calcolabili la funzione generatrice dei momenti e la funzione caratteristica. Ad esempio

$$M_X(s) = \int_0^\infty \exp(sx)\exp(-ax)\,dx = \frac{a}{a-s} \tag{2.75}$$

da cui si potrebbero facilmente ricalcolare il valore medio e la varianza.

Si ricordi che la *ddp* esponenziale è *senza memoria*:

$$f_X(x|X > x_0) = \frac{f_X(x)}{P(X > x_0)} = a\ \exp(-a(x - x_0)) \qquad x > x_0 \tag{2.76}$$

Se il tempo di attesa di un evento casuale è una variabile casuale esponenziale, quando si sia atteso (inutilmente) per un tempo x_0 il tempo di attesa restante $X - x_0$ ha la stessa *ddp* esponenziale che aveva inizialmente. Il *restante* tempo medio di attesa è ancora $1/a$, come se l'attesa avesse inizio al tempo x_0.

2.5.3 Distribuzione Laplaciana

Una variabile casuale *Laplaciana* ha *ddp*

$$f(x) = \frac{a}{2}\exp(-a|x|) \tag{2.77}$$

Essendo la *ddp* simmetrica, il valore medio è nullo. Il calcolo della varianza è molto simile al precedente, e dà

$$\sigma_X^2 = \frac{2}{a^2} \tag{2.78}$$

Anche il calcolo della funzione generatrice dei momenti è simile, e si ottiene

$$M_X(s) = \frac{a^2}{a^2 - s^2} \tag{2.79}$$

da cui sarebbe agevole ricalcolare il valore medio e la varianza.

2.5.4 Distribuzione gaussiana

Consideriamo anzitutto la variabile casuale con *ddp*

$$\boxed{f(y) = \frac{1}{\sqrt{2\pi}}\exp\left(-\frac{y^2}{2}\right)} \tag{2.80}$$

che ha valore medio nullo e varianza unitaria, come si vedrà tra poco.

Occorre anzitutto mostrare che l'integrale di $f(y)$ è unitario. Il modo più rapido è calcolare il quadrato dell'integrale, usando le coordinate polari per l'integrale doppio[15]:

$$\begin{aligned} &\int_{-\infty}^{\infty} \frac{1}{\sqrt{2\pi}} \exp\left(-\frac{y^2}{2}\right) dy \int_{-\infty}^{\infty} \frac{1}{\sqrt{2\pi}} \exp\left(-\frac{z^2}{2}\right) dz = \\ &= \int_{-\infty}^{\infty}\int_{-\infty}^{\infty} \frac{1}{2\pi} \exp\left(-\frac{y^2+z^2}{2}\right) dy\, dz = \\ &= \int_0^{2\pi} \frac{1}{2\pi}\, d\theta \int_0^{\infty} \exp\left(-\frac{\rho^2}{2}\right) \rho\, d\rho = 1 \end{aligned} \tag{2.81}$$

La *ddp* è simmetrica intorno allo zero e quindi $E[Y] = 0$. Si ottiene la varianza integrando per parti:

$$\begin{aligned} &\int_{-\infty}^{\infty} \frac{y^2}{\sqrt{2\pi}} \exp\left(-\frac{y^2}{2}\right) dy = \\ &= -\frac{y}{\sqrt{2\pi}} \exp\left(-\frac{y^2}{2}\right)\Bigg|_{-\infty}^{\infty} + \int_{-\infty}^{\infty} \frac{1}{\sqrt{2\pi}} \exp\left(-\frac{y^2}{2}\right) dy = 1 \end{aligned} \tag{2.82}$$

Si ottiene facilmente anche la funzione generatrice dei momenti:

$$\begin{aligned} M(s) &= \int_{-\infty}^{\infty} \frac{1}{\sqrt{2\pi}} \exp\left(-\frac{y^2}{2}\right) \exp(sy)\, dy = \\ &= \exp\left(\frac{s^2}{2}\right) \int_{-\infty}^{\infty} \frac{1}{\sqrt{2\pi}} \exp\left(-\frac{(y-s)^2}{2}\right) dy = \exp\left(\frac{s^2}{2}\right) \end{aligned} \tag{2.83}$$

La funzione caratteristica si ottiene sostituendo ju ad s:

$$\Phi(u) = \exp\left(-\frac{u^2}{2}\right) \tag{2.84}$$

Una generica variabile casuale *gaussiana* (o *normale*, come molto spesso si dice) è ottenuta da Y mediante la funzione lineare $X = \sigma_X Y + m_X$. Evidentemente X ha valore medio m_X e varianza σ_X^2. Considerando X funzione della variabile casuale Y si ottiene la *ddp* di X:

$$\boxed{f(x) = \frac{1}{\sqrt{2\pi}\sigma_X} \exp\left(-\frac{(x-m_X)^2}{2\sigma_X^2}\right)} \tag{2.85}$$

[15] sembra che questo calcolo sia dovuto a *Gauss*

funzione simmetrica intorno a m_X in cui sono messi in evidenza valore medio e varianza. In $x = m_X \pm \sigma_X$ la *ddp* gaussiana ha ampiezza pari a circa il 60% del massimo.

La funzione caratteristica di una variabile casuale gaussiana con valore medio nullo e varianza σ^2 si ottiene con un semplice cambiamento di variabili nell'integrale che definisce la funzione caratteristica. Il risultato è

$$\Phi(u) = \exp\left(-\frac{\sigma^2 u^2}{2}\right) \tag{2.86}$$

Se il valore medio m_X non è nullo basta moltiplicare per $\exp(jum_X)$.

2.5.5 Distribuzione di *Rayleigh*

Una variabile casuale di *Rayleigh* ha *ddp*

$$f(x) = \begin{cases} \frac{x}{a^2}\exp\left(-\frac{x^2}{2a^2}\right) & x \geq 0 \\ 0 & x < 0 \end{cases} \tag{2.87}$$

I momenti del primo e del secondo ordine sono

$$E[X] = \int_0^\infty \frac{x^2}{a^2}\exp\left(-\frac{x^2}{2a^2}\right) dx = \sqrt{\frac{\pi}{2}}\, a \tag{2.88}$$

$$E[X^2] = \int_0^\infty \frac{x^3}{a^2}\exp\left(-\frac{x^2}{2a^2}\right) dx = 2a^2 \tag{2.89}$$

da cui si può ricavare la varianza.

Si può mostrare che si ottiene una variabile casuale di *Rayleigh* dalla radice quadrata della somma dei quadrati di due variabili casuali gaussiane indipendenti con valore medio nullo (si vedano gli esercizi).

2.5.6 Distribuzione di *Bernoulli*

È il caso discreto di due soli risultati, 0 e 1, con probabilità[16] $P(0) = 1 - p$ e $P(1) = p$. Si sono già visti il valore medio e la varianza, dati rispettivamente da p e $p(1-p)$.

[16] la probabilità $1 - p$ dello zero viene spesso indicata con q

2.5.7 Distribuzione binomiale

È la distribuzione che si ha eseguendo N prove di *Bernoulli* e contando il numero di successi. Si sono già visti il valore medio Np, la varianza $Np(1-p)$ e la funzione generatrice dei momenti $(p\exp(s)+1-p)^N$. Inoltre si è visto il comportamento asintotico per N grande, dato dal teorema di *De Moivre-Laplace*, che è alla base della possibilità di *misurare* le probabilità degli eventi.

2.5.8 Distribuzione geometrica

È la distribuzione del numero di prove K che occorre effettuare per ottenere *per la prima volta* un evento che abbia probabilità p nella singola prova[17]. Poiché si ottiene $K=k$ se e solo se le prime $k-1$ prove danno insuccesso e la k-esima dà successo si ha

$$\boxed{P(k) = p\,q^{k-1}} \tag{2.90}$$

dove $q = 1-p$. È facile verificare che la somma delle $P(k)$ è unitaria:

$$\sum_{k=1}^{\infty} P(k) = p\sum_{k=1}^{\infty} q^{k-1} = p\sum_{j=0}^{\infty} q^j = \frac{p}{1-q} = 1 \tag{2.91}$$

La probabilità che il numero di prove superi k_0 è la probabilità che le prime k_0 prove diano insuccesso, ovvero $P(K>k_0) = q^{k_0}$.

Una osservazione interessante è che la distribuzione geometrica è *senza memoria*, come l'esponenziale di cui è la versione discreta. Infatti

$$P(K=k|K>k_0) = \frac{P(K=k)}{P(K>k_0)} = \frac{pq^{k-1}}{q^{k_0}} = pq^{k-k_0-1} \qquad k>k_0 \tag{2.92}$$

Se si è lanciata una moneta k_0 volte senza ottenere testa il numero di lanci che ancora occorre fare per ottenere testa ha la stessa distribuzione geometrica che aveva all'inizio dei lanci.

La funzione generatrice dei momenti è

$$M(s) = \sum_{k=1}^{\infty} p\,q^{k-1}\exp(sk) = \frac{p}{q(1-q\exp(s))} \tag{2.93}$$

[17]talvolta viene detta geometrica la distribuzione di $K-1$, cioè del numero di tentativi che precedono il successo

e da questa si possono facilmente ricavare il valore medio[18]

$$\boxed{E[K] = \frac{1}{p}} \tag{2.94}$$

(che non sorprende: il numero medio dei tentativi per ottenere un successo è pari all'inverso della probabilità di successo; eseguendo l'esperimento un numero grandissimo di volte si ottiene in media un successo ogni $1/p$ prove) e la varianza

$$\boxed{\sigma_K^2 = \frac{q}{p^2}} \tag{2.95}$$

2.6 Diseguaglianza di *Chebychev*

Per una variabile casuale X non negativa e per ogni $a > 0$ vale una semplicissima diseguaglianza, dovuta a *Markov*:

$$\begin{aligned} P(X \geq a) &= \int_a^\infty f(x)\,dx \leq \frac{1}{a}\int_a^\infty xf(x)\,dx \leq \\ &\leq \frac{1}{a}\int_0^\infty xf(x)\,dx = \frac{E[X]}{a} \end{aligned} \tag{2.96}$$

Ecco un banale esempio di quanto possa essere debole questa diseguaglianza: se l'altezza media di una popolazione è 170 cm la probabilità che un essere umano scelto a caso sia alto più di 170 metri è minore di $1/100$. Ma si possono costruire esempi in cui la diseguaglianza è molto più stretta.

Applicando la diseguaglianza di *Markov* alla variabile casuale $(X - m_X)^2$ con $a = \varepsilon^2$ si ottiene la diseguaglianza di *Chebychev*

$$P(|X - m_X| \geq \varepsilon) = P((X - m_X)^2 \geq \varepsilon^2) \leq \frac{\sigma_X^2}{\varepsilon^2} \tag{2.97}$$

Anche questa diseguaglianza è solitamente molto debole. È comunque sufficiente per dimostrare rapidamente la già enunciata legge debole dei grandi numeri.

---

[18] il calcolo diretto di $\sum_{k=1}^\infty kp\,q^{k-1}$ e di $\sum_{k=1}^\infty k^2 p\,q^{k-1}$ è un po' più complicato

2.7 Legge debole dei grandi numeri

Si è già enunciata e dimostrata la legge debole dei grandi numeri per la frequenza relativa di un evento A, che tende alla probabilità $P(A)$. Ora è possibile dimostrare una versione più generale. Sia

$$\overline{X}_N = \frac{1}{N}\sum_{i=1}^{N} X_i \tag{2.98}$$

la media aritmetica di N variabili casuali X_i indipendenti e con uguale distribuzione, con valore medio m_X e varianza σ_X^2. Il valore medio di $\overline{X}_N$ è

$$E[\overline{X}_N] = \frac{Nm_X}{N} = m_X \tag{2.99}$$

e la varianza di $\overline{X}_N$ è[19]

$$\sigma^2_{\overline{X}_N} = \frac{N\sigma_X^2}{N^2} = \frac{\sigma_X^2}{N} \tag{2.100}$$

e quindi, per ogni $\varepsilon > 0$, al tendere di N all'infinito si ha

$$\boxed{P(|\overline{X}_N - m_X| > \varepsilon) \leq \frac{\sigma_X^2}{N\varepsilon^2} \to 0} \tag{2.101}$$

Il punto fondamentale di questa semplice dimostrazione è che la media aritmetica $\overline{X}_N$ dei risultati delle N prove ha varianza che tende a zero e cioè $\overline{X}_N$ diventa sempre meno casuale.

La legge debole dei grandi numeri è dimostrabile, con argomenti più complessi, anche se non esiste σ_X^2, purché esista il valore medio.

Si noti che non è necessario che le N variabili casuali X_i siano prodotte da un esperimento consistente in prove ripetute. Qualunque sia l'esperimento, se le variabili casuali X_i sono indipendenti vale la legge dei grandi numeri. In generale N variabili casuali X_i prodotte in un esperimento possono essere *non indipendenti*. Ci si può chiedere se esista una qualche forma della legge dei grandi numeri per variabili casuali correlate.

[19]un errore frequente dei principianti è dimenticare che la varianza è il valore medio di un *quadrato*; quindi se si divide la variabile casuale per N la varianza risulta divisa per N^2

La risposta è affermativa, anche se qui per brevità non si approfondisce l'argomento (si vedano gli esercizi).

La forma di *Bernoulli* della legge dei grandi numeri, ottenuta 150 anni prima, è un caso particolare del teorema appena dimostrato. Basta definire le variabili casuali X_i come nella (2.68). La somma degli X_i è il numero di successi nelle N prove e la media aritmetica degli X_i è la frequenza relativa dell'evento chiamato successo. La legge dei grandi numeri afferma quindi che la probabilità che la frequenza relativa si discosti dalla probabilità di successo più di un ε piccolo a piacere tende a zero per N tendente all'infinito.

Quindi non sarebbe stato necessario spendere tempo per dimostrare la forma di *Bernoulli* della legge dei grandi numeri. Sarebbe bastato considerarlo un caso particolare del teorema più generale appena dimostrato. Tuttavia capire che la frequenza relativa tende alla probabilità è così importante che è meglio dimostrarlo non appena possibile.

2.8 Legge forte dei grandi numeri

Che senso pratico si può dare a una probabilità che tende a uno? Si immagini un numero grandissimo di sperimentatori, ognuno dei quali esegue un numero prefissato N di prove e calcola la media aritmetica dei risultati. Pressoché tutti trovano un valore che si discosta poco dal valore medio. Possono esserci alcuni sfortunati che trovano scostamenti maggiori. Ma se ora tutti proseguissero con altre prove? Ancora pochi troverebbero scostamenti grandi. Ma la domanda è: sono gli stessi pochi sfortunati di prima, oppure tutti corrono il (piccolo) rischio di vedere peggiorare la loro media aritmetica e quindi non possono sentirsi al sicuro?

Basta che esista il valore medio perché si possa dimostrare un teorema più rassicurante, detto *legge forte dei grandi numeri* che garantisce la *convergenza quasi certa*

$$\lim_{N\to\infty} P(|\overline{X}_N - m_X| < \varepsilon, |\overline{X}_{N+1} - m_X| < \varepsilon, |\overline{X}_{N+2} - m_X| < \varepsilon, \ldots) = 1 \quad (2.102)$$

In sostanza, con probabilità 1 esiste il limite della successione $\{\overline{X}_N\}$ nel senso dell'analisi matematica. Per pressoché tutti gli sperimentatori la media aritmetica non si discosterà più di ε dal valore medio, a partire dall'N-esima prova in poi.

Esistono molte altre versioni della legge dei grandi numeri, anche per variabili casuali X_i con *ddp* diverse tra loro e per variabili casuali correlate (si vedano gli esercizi).

2.9 Teorema del limite centrale

Le dimostrazioni delle varie forme della legge dei grandi numeri non determinano esplicitamente la *ddp* di $\overline{X}_N$. Nel caso particolare della frequenza relativa (prove di *Bernoulli*) era stato facile trovare ottime approssimazioni delle probabilità del numero K di successi, e quindi dei valori della frequenza relativa (teorema di *De Moivre-Laplace*). Ciò consente non solo di sapere che per N tendente all'infinito la frequenza relativa tende alla probabilità, ma anche di valutare esplicitamente quanto può discostarsene per valori finiti di N.

Più in generale, quando la grandezza di interesse è la media aritmetica $\overline{X}_N$ di N variabili casuali X_i (oppure la somma delle N variabili casuali), si vorrebbe determinare la *ddp* di tale variabile casuale. Per semplicità nel seguito si esaminerà solo il caso di variabili casuali X_i indipendenti e con la stessa densità $f_X(x)$.

Valore medio e varianza della media aritmetica e della somma si determinano immediatamente, come già visto. Poiché per $N \to \infty$ la varianza della media aritmetica tende a zero, e quella della somma tende a infinito, per descrivere la *forma* a cui tende la *ddp* è conveniente esaminare la variabile casuale *normalizzata*

$$Y_N = \frac{\sum_{i=1}^{N} X_i - N m_X}{\sqrt{N}\sigma_X} \tag{2.103}$$

dove si è sottratto il valore medio e si è diviso per la radice della varianza, in modo che per ogni N il valore medio di Y_N sia nullo e la varianza sia unitaria.

Si può dimostrare che se e solo se esiste σ_X^2 la distribuzione di Y_N tende uniformemente per $N \to \infty$ alla distribuzione gaussiana, qualunque sia $f(x)$.

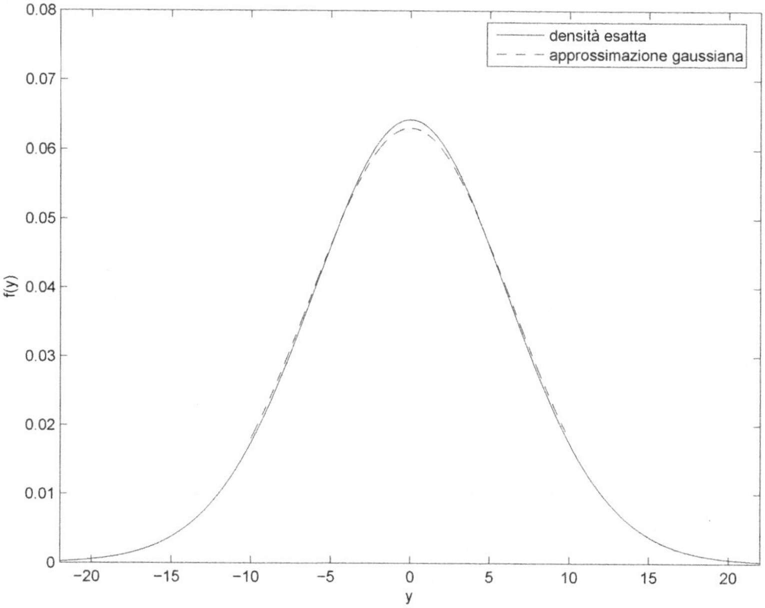

Figura 2.10: Densità della somma di venti variabili casuali laplaciane e approssimazione gaussiana

Si noterà che il teorema di *De Moivre-Laplace* non è che un caso particolare del teorema del limite centrale.

Solitamente la convergenza è abbastanza rapida, soprattutto se $f(x)$ è una funzione simmetrica.

Naturalmente in pratica interessano solo valori finiti di N, ed è quindi inutile normalizzare. Si userà l'approssimazione gaussiana della *ddp*, con il valore medio e la varianza effettivi. Ad esempio la Fig. 2.10 mostra la *ddp* della somma (non normalizzata) di venti variabili casuali con *ddp* Laplaciana e l'approssimazione gaussiana.

Diamo solo una traccia della dimostrazione del teorema, supponendo per semplicità $m_X = 0$ e $\sigma_X^2 = 1$. Se $\Phi_X(u)$ è la funzione caratteristica di X, risulta

$$\begin{aligned}\Phi_{y_N}(u) &= E\left[\exp(juY_N)\right] = E\left[\prod_{i=1}^{N} \exp\left(\frac{juX_i}{\sqrt{N}}\right)\right] = \\ &= \prod_{i=1}^{N} E\left[\exp\left(\frac{juX_i}{\sqrt{N}}\right)\right] = \left(\Phi_X\left(\frac{u}{\sqrt{N}}\right)\right)^N\end{aligned} \tag{2.104}$$

Si ricordi che si sono potuti scambiare le operazioni di valore medio e prodotto perché le variabili casuali X_i sono indipendenti.

Poiché esistono i momenti di X_i almeno fino al secondo si ha lo sviluppo di *MacLaurin*, con il resto nella forma di *Peano*,

$$\Phi_X(u) = 1 - \frac{u^2}{2}(1 + R) \tag{2.105}$$

dove il resto R è infinitesimo per u tendente a zero. E dunque si ottiene

$$\Phi_{Y_N}(u) = \left(1 - \frac{u^2}{2N}(1 + R)\right)^N \rightarrow \quad \exp(-\frac{u^2}{2}) \quad \text{per } N \rightarrow \infty \tag{2.106}$$

che è la funzione caratteristica di una variabile gaussiana con valore medio nullo e varianza unitaria.

Esistono versioni del teorema del limite centrale anche per variabili casuali X_i aventi *ddp* diverse. In questi casi la variabile casuale normalizzata la cui *ddp* tende alla gaussiana è

$$Y_N = \frac{\sum_{i=1}^{N}(X_i - m_{X_i})}{\sqrt{\sum_{i=1}^{N} \sigma_{X_i}^2}} \tag{2.107}$$

La condizione necessaria e sufficiente perché il teorema valga è ben nota, ma è un po' troppo complessa per essere riportata qui. Una semplice condizione necessaria è

$$\lim_{N \rightarrow \infty} \sum_{i=1}^{N} \sigma_{X_i}^2 = \infty \tag{2.108}$$

che in pratica vieta di sommare variabili casuali X_i con varianze così piccole da non essere di fatto casuali (si veda un esempio negli esercizi).

2.10 Variabili casuali congiuntamente gaussiane

Se $X_1, \ldots, X_N$ sono variabili casuali gaussiane indipendenti, con valore medio nullo e varianza unitaria si definiscono *congiuntamente gaussiane* sia le variabili X_i sia variabili casuali Y_k ottenute come combinazioni lineari delle X_i. A ciascuna delle variabili casuali Y_k si può aggiungere una costante, in modo che il valore medio risulti diverso da zero.

La *ddp* delle variabili casuali X_i è il prodotto delle *ddp* marginali. Conviene rendere più sintetica la notazione scrivendo le variabili casuali come vettori $\mathbf{x}$ e $\mathbf{y}$ e le combinazioni lineari come prodotto di $\mathbf{x}$ per una matrice[20]. Definito il vettore $\mathbf{x} = [x_1, \ldots, x_N]^T$, dove ^{T} indica il trasposto, si può scrivere

$$f(\mathbf{x}) = \frac{1}{(2\pi)^{N/2}} \exp\Big(-\frac{\mathbf{x}^T\mathbf{x}}{2}\Big) \tag{2.109}$$

dove $\mathbf{x}^T\mathbf{x}$ è la somma dei quadrati degli argomenti x_i.

Sia ora $\mathbf{y} = \mathbf{A}\mathbf{x} + \mathbf{m}$ il vettore delle combinazioni lineari, dove $\mathbf{m}$ è il vettore dei valori medi, e si supponga per semplicità che la matrice $\mathbf{A}$ dei coefficienti sia quadrata e invertibile, ovvero che si possa scrivere $\mathbf{x} = \mathbf{A}^{-1}(\mathbf{y} - \mathbf{m})$.

La matrice che contiene le covarianze delle variabili casuali X_i è una matrice identità. La matrice delle covarianze degli Y_k è

$$\mathbf{\Sigma} = \mathbf{E}[(\mathbf{y} - \mathbf{m})(\mathbf{y} - \mathbf{m})^{\mathbf{T}}] = \mathbf{E}[\mathbf{A}\mathbf{x}\mathbf{x}^{\mathbf{T}}\mathbf{A}^{\mathbf{T}}] = \mathbf{A}\mathbf{A}^{\mathbf{T}} \tag{2.110}$$

Lo Jacobiano della trasformazione è il determinante della matrice $\mathbf{A}$, pari alla radice del determinante della matrice $\mathbf{\Sigma}$, e quindi si ottiene

$$\begin{aligned}\boxed{f(\mathbf{y})} &= \frac{1}{\sqrt{(2\pi)^N}|\mathbf{A}|} \exp\Big(-\frac{\mathbf{x}^T\mathbf{x}}{2}\Big) = \\ &= \frac{1}{\sqrt{(2\pi)^N|\mathbf{\Sigma}|}} \exp\Big(-\frac{(\mathbf{y}-\mathbf{m})^T(\mathbf{A}^{-1})^T\mathbf{A}^{-1}(\mathbf{y}-\mathbf{m})}{2}\Big) = \\ &= \boxed{\frac{1}{\sqrt{(2\pi)^N|\mathbf{\Sigma}|}} \exp\Big(-\frac{(\mathbf{y}-\mathbf{m})^T\mathbf{\Sigma}^{-1}(\mathbf{y}-\mathbf{m})}{2}\Big)}\end{aligned} \tag{2.111}$$

Talvolta è utile anche la funzione caratteristica congiunta. Definendo il vettore $\mathbf{u} = [u_1, \ldots, u_N]^T$ degli argomenti si dimostra che

$$\Phi_{\mathbf{Y}}(\mathbf{u}) = \exp\big(j\mathbf{u}^T\mathbf{m}\big) \exp\Big(-\frac{\mathbf{u}^T\mathbf{\Sigma}\mathbf{u}}{2}\Big) \tag{2.112}$$

[20]in questa sezione, volendo usare le lettere maiuscole solo per le matrici, si utilizzano le lettere minuscole (in grassetto) sia per i vettori di variabili casuali sia per i vettori argomento delle *ddp*

Come verifica della correttezza del risultato si possono calcolare mediante la funzione caratteristica i valori medi e le covarianze degli Y_k.

Le proprietà fondamentali delle variabili casuali congiuntamente gaussiane sono ora facilmente deducibili:

- basta conoscere il vettore $\mathbf{m}$ dei valori medi e la matrice $\mathbf{\Sigma}$ delle covarianze per conoscere la densità congiunta di variabili congiuntamente gaussiane (per variabili casuali generiche valori medi e covarianze forniscono una conoscenza solo parziale della *ddp*)
- se le variabili Y_k sono incorrelate la matrice $\mathbf{\Sigma}$ delle covarianze è diagonale; anche la matrice inversa è diagonale e la *ddp* congiunta diventa il prodotto delle *ddp* marginali; quindi variabili casuali congiuntamente gaussiane che siano *incorrelate* sono anche *indipendenti* (in generale l'incorrelazione non implica l'indipendenza)
- combinazioni lineari Z_j di variabili congiuntamente gaussiane Y_k possono essere considerate combinazioni lineari delle variabili casuali X_i indipendenti, e dunque sono a loro volta congiuntamente gaussiane; operazioni lineari su variabili congiuntamente gaussiane danno sempre variabili casuali congiuntamente gaussiane (in generale operazioni lineari non conservano la forma delle *ddp*)

2.11 Esercizi

Esercizio 2.1. Si mostri che, per $z > 0$,

$$Q(z) = \int_z^\infty \frac{1}{\sqrt{2\pi}} \exp(-\frac{y^2}{2})\, dy \le \frac{1}{\sqrt{2\pi}z} \exp(-\frac{z^2}{2})$$

Suggerimento: si moltiplichi e si divida per y e si integri per parti. L'approssimazione è buona per $z > 3$.

Integrando nuovamente per parti si mostri che

$$Q(z) \ge \frac{1}{\sqrt{2\pi}z} \exp(-\frac{z^2}{2})\left(1 - \frac{1}{z^2}\right)$$

che può essere utile per $z > 2$. È possibile integrare ancora ottenendo altre approssimazioni (migliori, ma meno comode).

Esercizio 2.2. Si effettuano 1000 prove indipendenti, con probabilità di successo 1/2. Dopo 500 prove il numero di successi è 220. Quale è la distribuzione del numero di successi alla conclusione dell'esperimento? Quale è il valore medio del numero di successi?

Esercizio 2.3. Si lanciano due dadi 3600 volte. Quale è la probabilità di avere esattamente 100 volte un doppio sei? e di avere almeno 100 volte un doppio sei?

Esercizio 2.4. Su un segmento di lunghezza 1000 si dispongono casualmente con *ddp* uniforme 1000 punti, indipendentemente. Si calcoli la probabilità di avere esattamente un punto tra 0 e 1. Si approssimi la stessa probabilità con la distribuzione di *Poisson.*

Esercizio 2.5. L'intervallo tra eventi di un certo tipo abbia densità $f(x)$, con valore medio m_X e varianza σ_X^2. Se si sceglie a caso un punto sull'asse dei tempi, quale è la *ddp* della durata Y dell'intervallo in cui questo cade? E quale è il valore medio della durata? *Suggerimento*: si usi l'intuizione che un intervallo di lunghezza doppia d'un altro sarà scelto con probabilità doppia; occorre normalizzare ad uno l'integrale della densità $f(y)$.

Nel caso di *ddp* esponenziale si verifichi che il valore medio della durata è $2m_X$.

Esercizio 2.6. L'intervallo tra passaggi successivi di tram di una linea prefissata, misurato in minuti, abbia *ddp*

$$f(x) = \begin{cases} x/225 & 0 \leq x \leq 15 \\ (30 - x)/225 & 15 \leq x \leq 30 \end{cases}$$

Un controllore scende a una fermata e aspetta il tram successivo. Quanto aspetta, in media? Un passeggero arriva a caso alla fermata. Quanto aspetta, in media? Da quanto tempo, in media, è passato il tram precedente? *Suggerimento*: si veda l'esercizio precedente.

Esercizio 2.7. Si mostri che in una distribuzione di *Poisson* vale la diseguaglianza $P(k+i) \leq P(k)\left(\frac{\lambda}{k}\right)^i$. Quindi le probabilità decrescono rapidamente se $k \gg \lambda$. Si mostri poi che $P(K \geq k) \leq P(k)\frac{k}{k-\lambda}$, che è poco maggiore di $P(k)$.

Esercizio 2.8. Si mostri che se $f(x) = 0$ per $x < 0$ risulta

$$E[X] = \int_0^\infty (1 - F(x))\, dx$$

Suggerimento: si integri per parti.

Esercizio 2.9. Si mostri che in generale risulta

$$E[X] = -\int_{-\infty}^0 F(x)\, dx + \int_0^\infty (1 - F(x))\, dx$$

Suggerimento: si integri per parti.

Esercizio 2.10. Si mostri che

$$E[|X|] \leq \sqrt{E[X^2]}$$

Suggerimento: si applichi la (2.48) alla variabile casuale $|X|$.

Esercizio 2.11. Le variabili casuali X e Y sono indipendenti e uniformi tra 0 e 1. Si calcolino le varianze di $X + Y$, $X - Y$, $2X + Y$ e $X - 2Y$.

Esercizio 2.12. Si calcolino valore medio e varianza di $Z = \sum_{i=1}^{N} X_i Y_i$, dove le variabili casuali X_i valgono ± 1 con uguale probabilità, le Y_i hanno valore medio 1 e varianza 1 e tutte le $2N$ variabili casuali sono statisticamente indipendenti.

Esercizio 2.13. Due variabili casuali X e Y sono indipendenti. Quale delle due seguenti proprietà è vera?

$$E\left[\frac{X}{Y}\right] = \frac{E[X]}{E[Y]}$$

$$E\left[\frac{X}{Y}\right] = E[X]\, E\left[\frac{1}{Y}\right]$$

Esercizio 2.14. Due variabili casuali hanno *ddp* $f(x, y) = \exp(-(x+y))$ per $x \geq 0$ e $y \geq 0$. Sono indipendenti? Quanto valgono la correlazione e la covarianza?

Esercizio 2.15. Le variabili casuali X e Y hanno valore medio nullo, varianza unitaria e coefficiente di correlazione lineare r. Si mostri che $-1 \leq r \leq 1$, e $r = \pm 1$ solo se $X = \pm Y$. *Suggerimento*: $E[(X+Y)^2] \geq 0$ e $E[(X-Y)^2] \geq 0$.

Esercizio 2.16. Si generalizzi il risultato precedente a variabili casuali X e Y con valore medio e varianza qualsiasi. *Suggerimento*: si considerino le variabili normalizzate, con valore medio nullo e varianza unitaria.

Esercizio 2.17. Si verifichi che la funzione generatrice dei momenti della distribuzione binomiale tende a quella di *Poisson* se $N \to \infty$ e $p \to 0$ con $Np = \lambda$.

Esercizio 2.18. Si verifichi che il valore medio e la varianza della distribuzione binomiale tendono a quelli di *Poisson* se $N \to \infty$ e $p \to 0$ con $Np = \lambda$.

Esercizio 2.19. X è una variabile casuale uniforme tra 0 e 1. Si mostri che la *ddp* di $Y = -\log X$ è esponenziale, con valore medio 1.

Esercizio 2.20. Si calcoli $P(X > K)$, dove X è una variabile casuale esponenziale con valore medio $1/\nu$ e K ha distribuzione di *Poisson* con valore medio λ.

Esercizio 2.21. Si calcoli la varianza di $Y = X^2$, dove X ha *ddp* uniforme tra 0 e 1. *Suggerimento*: *non* si calcoli $f_Y(y)$.

Esercizio 2.22. X è una variabile casuale esponenziale con valore medio 1. Y vale 0 se $X \leq 1$ e vale 1 se $X > 1$. Si calcolino valore medio e varianza di Y.

Esercizio 2.23. X, Y, Z e U sono variabili casuali indipendenti, con *ddp* uniforme tra 0 e 1. Si calcolino valore medio e varianza di $W = XY - ZU$.

Esercizio 2.24. Le variabili casuali X_i sono indipendenti con *ddp* esponenziale e valore medio 1. Si calcoli la varianza di $Y = \sum_{i=1}^{N} (-1)^i X_i$.

Esercizio 2.25. X è una variabile casuale esponenziale con valore medio 1, e Y una variabile casuale indipendente che vale 1 con probabilità 1/2 e -1 con probabilità 1/2. Si mostri che la *ddp* di $Z = XY$ è *laplaciana*. *Suggerimento*: si calcoli la *ddp* di Z condizionando ai due possibili valori di Y.

Esercizio 2.26. X e Y sono variabili casuali esponenziali con valore medio 1. Si calcolino valore medio e varianza di $Z = X - Y$. Si mostri che Z è una variabile casuale *laplaciana*. *Suggerimento*: conviene usare la funzione generatrice dei momenti. Infine si verifichi che siano corretti valore medio e varianza calcolati in precedenza.

Esercizio 2.27. X e Y siano variabili casuali gaussiane indipendenti, con valore medio nullo e varianza unitaria. Si mostri che la *ddp* della variabile casuale $Z = \sqrt{X^2 + Y^2}$ è di *Rayleigh*.

Esercizio 2.28. La *ddp* di X è $f(x) = \frac{1}{x^2}$ per $x \geq 1$ e $Y = \log X$. Si calcoli il valore medio di Y sia direttamente sia calcolando la *ddp* di Y.

Esercizio 2.29. X e Y siano variabili casuali gaussiane indipendenti, con valore medio nullo e varianza unitaria. Si mostri che la *ddp* della variabile casuale $Z = X^2 + Y^2$ è *esponenziale*.

Esercizio 2.30. Il tempo di attesa di un evento abbia distribuzione esponenziale con valore medio pari a un minuto. Mediamente si ha un successo ogni minuto e mediamente si attende un minuto. Si mostri che è sbagliato concludere che con probabilità 1/2 si attende meno di un minuto e con probabilità 1/2 più di un minuto. Si mostri invece che la probabilità di attendere più di un minuto è minore di 1/2.

Esercizio 2.31. Le variabili casuali K_1 e K_2 sono indipendenti e hanno distribuzione geometrica, con $p = 1/10$. Si calcolino $P(K_1 = K_2)$, $P(K_1 > K_2)$ e $P(K_1 < K_2)$.

Esercizio 2.32. Sia $Z = XY$, dove le variabili casuali X e Y sono indipendenti e hanno *ddp* uniforme tra 0 e 1. Si calcoli $E[Z]$. Poi si determini la *ddp* di Z e da questa si ricalcoli il valore medio. *Commento*: quanta più fatica, nel secondo modo!

Esercizio 2.33. Vi viene proposto questo gioco: si lanciano tre dadi (onesti); si perde la posta se non si ottiene nessun sei; si vince la posta semplice, doppia o tripla se si ottengono rispettivamente uno, due o tre sei. Poiché eseguendo molte prove il sei deve uscire circa una volta su sei, e si hanno a disposizione tre lanci, il gioco sembra favorevole. Se giocate 1000 volte quanto vi aspettate di guadagnare o di perdere? *Commento*: diffidate di chi vi propone giochi che a prima vista possono sembrare favorevoli. Dove è nascosto il sottile inganno?

Esercizio 2.34. Benché la diseguaglianza di *Chebychev* sia solitamente pessimista, si mostri con un esempio che non è possibile trovarne una più stretta conoscendo solo la varianza. *Suggerimento*: si consideri una variabile casuale discreta che può assumere solo due valori.

Esercizio 2.35. La legge debole dei grandi numeri afferma che

$$\lim_{N\to\infty} P(|\frac{1}{N}\sum_{i=1}^{N} X_i - m_X| > \varepsilon) = 0$$

Si spieghi perché non si può affermare che

$$\lim_{N\to\infty} P(|\sum_{i=1}^{N} X_i - Nm_X| > \varepsilon) = 0$$

ed anzi si mostri che questa probabilità tende a 1.

Esercizio 2.36. N variabili casuali X_i hanno valore medio nullo e varianza σ^2. Le variabili casuali con indici adiacenti, X_i e X_{i+1}, hanno coefficiente di correlazione $r = 1/2$. Le variabili casuali con indici non adiacenti sono invece incorrelate. Sia Y la media aritmetica delle N variabili casuali. Si calcolino valore medio e varianza di Y, e si mostri che se N tende all'infinito la varianza tende a zero. *Commento*: è un semplicissimo esempio di validità della legge dei grandi numeri nel caso di variabili casuali correlate; si potrebbe mostrare che vale anche il teorema del limite centrale.

Esercizio 2.37. Sia

$$Y = \frac{1}{N}\sum_{i=1}^{N} p_i X_i$$

una media pesata delle N variabili casuali dell'esercizio precedente. I pesi p_i valgono $1/2$ se i è dispari e $3/2$ se i è pari (si supponga N pari). Si calcolino valore medio e varianza di Y, e si mostri che se N tende all'infinito la varianza tende a zero.

Esercizio 2.38. Si sommano 100 variabili casuali esponenziali indipendenti, con valore medio 1. Con l'approssimazione gaussiana si calcoli la probabilità che la somma superi 150. *Commento*: per riferimento, il valore esatto è $5.92 \cdot 10^{-6}$.

Esercizio 2.39. Si lanciano 100 volte 10 monete. Ogni volta si vince la differenza tra il numero di teste e il numero di croci (se negativo si perde). Quale è il valore medio della vincita? Con che probabilità la vincita è maggiore o uguale a 20?

Esercizio 2.40. Le variabili casuali X_i indipendenti abbiano densità uniforme tra -1 e 1 e sia Y la loro somma. La *ddp* di Y è la convoluzione delle quattro *ddp*. Il risultato di questo calcolo (che richiede non poca pazienza) è una funzione simmetrica, che per $y \geq 0$ vale

$$f(y) = \begin{cases} \frac{(4-y)^3}{96} - \frac{(2-y)^3}{24} & 0 \leq y \leq 2 \\ \frac{(4-y)^3}{96} & 2 \leq y \leq 4 \end{cases}$$

Si confronti numericamente questa $f(y)$ esatta con l'approssimazione gaussiana.

Esercizio 2.41. X e Y sono variabili casuali gaussiane con valore medio nullo, varianza σ^2 e coefficiente di correlazione $r = 1/2$. Si calcoli la *ddp* congiunta di $Z = X$ e $W = 2Y - X$.

Esercizio 2.42. X e Y siano variabili casuali gaussiane indipendenti, con valore medio nullo e varianza unitaria. Sia $Z = X + Y$ e $W = X - Y$. Si calcoli $f(z|W = 1)$.

Esercizio 2.43. X è una variabile casuale gaussiana con valore medio nullo e varianza σ^2, $Y = \pm 1$ con uguale probabilità, e X e Y sono indipendenti. Sia $Z = XY$. Quale è la *ddp* di Z? X e Z sono incorrelate? X e Z sono indipendenti? *Commento*: *X e Z non hanno ddp congiuntamente gaussiana.*

Esercizio 2.44. X è una variabile casuale gaussiana con valore medio nullo e varianza σ^2 e $Y = X^2$. Si mostri che X e Y sono variabili casuali incorrelate, ma non indipendenti. *Commento*: non c'è nulla di strano; X e Y *non* sono congiuntamente gaussiane, anzi Y non ha neppure *ddp* gaussiana.

Esercizio 2.45. Si dimostri la *diseguaglianza di Chernov*:

$$P(X \geq A) \leq \exp(-sA)E[\exp(sX)] \quad \text{per ogni } s > 0$$

$$P(X \leq A) \leq \exp(-sA)E[\exp(sX)] \quad \text{per ogni } s < 0$$

Suggerimento: si confrontino, punto per punto, le funzioni integrande.

Esercizi di maggiore complessità

Esercizio 2.46. Si mostri che $E[|X-a|]$ è minimo se a è tale che sia $F_X(a) = 1/2$.

Esercizio 2.47. Le variabili casuali X e Y sono indipendenti e hanno *ddp* esponenziale con valore medio 1. Sia $Z = \frac{X}{X+Y}$. Si calcoli il valore medio di Z. *Suggerimento*: cosa si può dire del valore medio di $U = \frac{Y}{X+Y}$ e del valore medio di $Z+U$?

Esercizio 2.48. Le variabili casuali X e Y sono indipendenti e hanno *ddp* esponenziale con valore medio 1. Sia $Z = \frac{X}{X+Y}$. Si determini la *ddp* di Z e si verifichi il valore medio calcolato nell'esercizio precedente.

Esercizio 2.49. Le variabili casuali X e Y sono indipendenti e hanno *ddp* esponenziale con valore medio 1. Sia $Z = \frac{X}{Y}$. Si calcoli, se esiste, il valore medio di Z. Si determini la *ddp* di Z e da questa si ricalcoli il valore medio. *Commento*: la variabile casuale $U = \frac{Y}{X}$ ha la stessa *ddp*.

Esercizio 2.50. Si lancia ripetutamente un dado (onesto) fino a quando non si sono ottenute tutte le facce almeno una volta. Si calcoli il valore medio del numero di lanci. *Suggerimento*: si mostri che il numero di lanci è la somma di 6 variabili casuali con *ddp* geometrica, con probabilità di successo rispettivamente pari a $p = 1$, $p = 5/6$, ..., $p = 1/6$.

Esercizio 2.51. Si consideri la somma $Y = \sum_{i=1}^{N} X_i$ di un numero N casuale di variabili casuali X_i, con uguale *ddp*. Conoscendo il valore medio e la varianza di N e di X_i si calcolino il valore medio e la varianza di Y. *Suggerimento*: si condizioni al valore di N; nell'esperimento condizionato N non è più casuale. Si faccia attenzione a non confondere i momenti del secondo ordine non centrali con quelli centrali.

Esercizio 2.52. Nella somma $Y = \sum_{i=1}^{N} X_i$ il numero N dei termini ha distribuzione geometrica con probabilità di successo p e le variabili casuali X_i hanno *ddp* esponenziale con valore medio 1. Si calcoli la *ddp* di Y. *Suggerimento*: si condizioni al valore di N; per evitare le convoluzioni di N *ddp* si usi la funzione generatrice dei momenti. Si calcolino valore medio e varianza di Y e si confronti con i risultati dell'esercizio precedente.

Esercizio 2.53. Una prova dà probabilità di successo p. Si ripete fino a quando si ottiene il K-esimo successo, con K prefissato. Quale è la probabilità di dover eseguire N prove? *Suggerimento*: si devono ottenere $K-1$ successi in $N-1$ prove e successo nell'N-esima prova. Attenzione a non confondere questo esperimento con quello delle prove ripetute in cui N è fissato e K è casuale.

Esercizio 2.54. X è una variabile con *ddp* uniforme tra $-\pi/2$ e $\pi/2$. Si mostri che il valore medio di $Y = \tan X$ non esiste. Tuttavia la *ddp* di Y esiste. La si determini e si discuta perché non esiste il valore medio.

Esercizio 2.55. Una variabile casuale X con valore medio non nullo viene raddoppiata con probabilità p e dimezzata con probabilità $1-p$ per N volte, indipendentemente. Per quale valore di p il valore medio resta invariato? *Suggerimento*: il valore medio del prodotto è pari al prodotto dei valori medi.

Esercizio 2.56. X e Y sono variabili casuali gaussiane indipendenti, con valore medio nullo e varianza unitaria. Si calcoli $P(X+Y > 1|X+Y > 0)$. *Suggerimento*: non occorre considerare *due* variabili casuali.

Esercizio 2.57. Se $E[\cos aX] = \exp\left(-\frac{a^2}{2}\right)$ e $E[\sin aX] = 0$ per ogni valore di a è possibile conoscere la *ddp* della variabile casuale X?

Esercizio 2.58. Le variabili casuali X, Y e Z gaussiane indipendenti hanno valore medio nullo e varianza unitaria. Sia $W = X + Y + Z$. Si calcoli $f(x|W = 0)$.

Esercizio 2.59. In 100 lanci 100 di moneta sia $Y = \sum_{i=1}^{100} X_i$ il numero di teste, con $X_i = 0$ o 1. Si mostri che $E[\exp(sY)] = 2^{-100}(\exp(s)+1)^{100}$. Si utilizzi la diseguaglianza di *Chernov* per maggiorare $P(Y \geq A)$. Si mostri che il valore più conveniente di s è $\log \frac{A}{N-A}$. Si calcoli il risultato per $A = 50, 90, 99, 100$ e lo si confronti (se possibile) con il risultato esatto, con l'approssimazione gaussiana e con la diseguaglianza di *Chebychev*. *Commento*: la diseguaglianza di *Chernov* è utile per valori estremi di A, molto lontani dal valore medio.

Esercizio 2.60. In un esperimento di prove ripetute $N = 100$ e $p = 0.1$. Si calcoli $P(k \geq 50)$ con l'approssimazione gaussiana e con la diseguaglianza di *Chernov*. *Commento*: per riferimento, il valore esatto è $5.83 \cdot 10^{-24}$.

Esercizio 2.61. Variabili casuali X_i con *ddp* di *Cauchy* $f(x) = \frac{1}{\pi(1+x^2)}$ hanno funzione caratteristica è $\Phi_X(u) = \exp(-|u|)$. Esaminando tale funzione caratteristica si mostri che il valore medio non esiste. Considerando le potenze della funzione caratteristica si mostri che la *ddp* della somma delle variabili casuali non tende alla gaussiana, e quindi non vale il teorema del limite centrale. *Commento*: si noterà che per ogni N la *ddp* della somma rimane di *Cauchy*.

Esercizio 2.62. Le variabili casuali X_i abbiano *ddp* uniforme tra -2^{-i} e 2^{-i}. Si mostri che la densità di $Y = \sum_{i=1}^{N} X_i$ non tende alla gaussiana per $N \to \infty$. *Suggerimento*: quanto vale $f_Y(2)$? Quale condizione sulle variabili casuali X_i non è verificata?

Esercizio 2.63. Se X_1, X_2, X_3, X_4 sono variabili casuali congiuntamente gaussiane con valore medio nullo e matrice delle covarianze qualsiasi, si mostri che

$$E[X_1X_2X_3X_4] = E[X_1X_2]E[X_3X_4]+$$
$$+E[X_1X_3]E[X_2X_4] + E[X_1X_4]E[X_2X_3]$$

Suggerimento: si derivi la funzione caratteristica congiunta. *Commento*: alcune delle variabili casuali possono coincidere; ad esempio si ha

$$E[X_1^2X_2^2] = E[X_1^2]E[X_2^2] + 2(E[X_1X_2])^2$$

$$E[X^4] = 3(E[X^2])^2 = 3\sigma_X^4$$

Capitolo 3

Processi casuali

Una definizione generale di *processo casuale*[1] prevede una qualunque collezione di variabili casuali indicizzate in modo appropriato. Anche una N-pla di variabili casuali $X_1, \ldots, X_N$ potrebbe quindi essere considerata un processo casuale. Non si vede tuttavia quale sia il vantaggio di questo diverso punto di vista. Di fatto i processi casuali di maggior interesse sono quelli che prevedono un'infinità numerabile o non numerabile di variabili casuali.

3.1 Processi casuali discreti e continui

Se le variabili casuali che costituiscono il processo sono numerabili il processo viene detto *discreto*. Le variabili casuali possono essere individuate da un indice intero, ad esempio da 1 a ∞ oppure da $-\infty$ a ∞. Se i è l'indice si potrà indicare con X_i sia la singola variabile casuale, quando i ha un valore determinato, sia l'intero processo.

Il processo è detto *continuo* se si ha un'infinità non numerabile di variabili casuali, messe in corrispondenza con una variabile reale. Il caso più intuitivo, a cui si farà riferimento nel seguito, è quello in cui la variabile reale è il tempo. Se $X(t)$ è il valore casuale di una funzione del tempo all'istante t, lasciando correre il tempo da $-\infty$ a ∞ si ha una collezione di infinite variabili casuali.

[1] o *processo aleatorio* o anche *processo stocastico*, o più semplicemente *processo*

L'esecuzione dell'esperimento produce l'intera funzione casuale $X(t)$, che viene detta *realizzazione* del processo. Ripetendo l'esperimento si ottiene una diversa realizzazione. Il processo $X(t)$ può essere visto come una collezione di infinite variabili casuali, o come una funzione casuale del tempo, definita da $-\infty$ a ∞. Se si considera un t fissato $X(t)$ è invece la singola variabile casuale oppure il valore che la funzione casuale estratta nell'esperimento assume al tempo t. Il significato di $X(t)$ è di solito evidente dal contesto.

La variabile reale che individua le infinite variabili casuali potrebbe essere, anziché il tempo, una coordinata spaziale. Si potrebbe anche avere una collezione di variabili casuali funzioni di più coordinate (spaziali, temporali, o di altra natura).

Se la variabile è il tempo l'esecuzione di più prove deve evidentemente essere pensata in parallelo: non è possibile, terminata una prova, tornare indietro nel tempo per ripetere l'esperimento. Inoltre pensare ad un esperimento che dura da $t = -\infty$ a $t = \infty$ è ovviamente un'idealizzazione. In ogni caso pratico avremo a che fare con segmenti di durata finita di realizzazioni di processi casuali. Tuttavia, come si vedrà presto, è conveniente supporre che anche la parte di processo non osservata abbia le stesse caratteristiche statistiche.

3.2 Descrizione statistica di un processo casuale

La prima questione da affrontare è come descrivere in modo completo l'assegnazione di probabilità alle infinite variabili casuali che costituiscono il processo, essendo subito evidente che non si può dare una *ddp* congiunta funzione di infinite variabili. Per una descrizione statistica completa del processo si dovranno saper scrivere le *ddp* di un numero N qualsiasi di variabili casuali, comunque indicizzate. Ad esempio nel caso continuo si dovrà essere in grado di determinare

$$f_{X(t_1),\ldots,X(t_N)}(x_1, \ldots, x_N) \tag{3.1}$$

per ogni N e, fissato N, per ogni N-pla $t_1, \ldots, t_N$. Ovviamente non si potrà scrivere a priori l'intera infinita collezione di tali *ddp*. Si dovrà piuttosto avere una regola che consenta di determinare ogni *ddp*.

3.2.1 Osservazioni sulla notazione

Nella (3.1) risulterebbe ambiguo sottintendere i pedici della *ddp*, cioè scrivere $f(x_1, \ldots, x_N)$, a meno che dal contesto risulti chiaro quali sono gli istanti di tempo $t_1, \ldots, t_N$. Anche per questo motivo non pochi preferiscono indicare la *ddp* congiunta come $f(x_1, \ldots, x_N; t_1, \ldots, t_N)$. In questo modo evitano i pedici, e mettono in evidenza che la *ddp* è in generale funzione anche degli istanti di tempo $t_1, \ldots, t_N$. Le variabili $x_1, \ldots, x_N$ e $t_1, \ldots, t_N$ non sono omogenee, e per questo motivo si separano i due blocchi con un punto e virgola. Ci si trova però in difficoltà quando si vuole indicare un *ddp* congiunta di variabili casuali tratte da due diversi processi $X(t)$ e $Y(t)$.

Alcuni preferiscono $f_{X_{t_1},\ldots,X_{t_N}}(x_1, \ldots, x_N)$, eliminando le parentesi a costo di doppi pedici. Però la notazione diventa nuovamente ambigua se si sottintendono i pedici $X_{t_1}, \ldots, X_{t_N}$. Altri eliminano i pedici complicando le variabili della *ddp*, e scrivono $f(x_{t_1}, \ldots, x_{t_N})$. Questa è forse la notazione più sintetica, ma non è la più diffusa.

Nel caso discreto i problemi di notazione sono un po' alleviati dal fatto che basta un indice intero per individuare la variabile casuale. Non di rado, tra l'altro, un processo discreto è ottenuto prelevando valori equispaziati (detti *campioni*) di un processo continuo. Se ad esempio le variabili casuali di interesse sono $X(iT)$ $(i = -\infty, \ldots, \infty)$ queste possono essere più semplicemente indicate con X_i.

3.3 Momenti di un processo casuale

Se di un processo casuale sono disponibili le *ddp* congiunte di tutti gli ordini si può, in linea di principio, calcolare la probabilità di qualunque evento relativo al processo. Tuttavia in non pochi casi non sono note *tutte* le *ddp*, e si ha una conoscenza solo parziale del processo. È quindi importante indagare su quali siano le caratteristiche fondamentali di un processo, che pur non specificandolo completamente consentano tuttavia di fare previsioni utili.

Si è visto in precedenza che nel caso di una sola variabile casuale la conoscenza dei primi momenti, il valore medio e la varianza, non individua la *ddp*. Esistono infinite *ddp* con lo stesso valore medio e la stessa varianza. Conoscendo solo questi momenti non si può calcolare, ad esempio, la probabilità che la variabile casuale cada in un intervallo prefissato.

Tuttavia quando si ripete l'esperimento un grande numero di volte e si è interessati alla media aritmetica dei risultati, basta conoscere il solo valore medio (supponendo che esista) per avere garantita la convergenza della media al valore medio stesso (legge debole dei grandi numeri). Se esiste anche la varianza vale anche la legge forte dei grandi numeri e vale il teorema del limite centrale, che consente previsioni molto utili anche quando il numero di prove è finito.

Si è anche visto con semplici esempi (negli esercizi) che la legge dei grandi numeri può valere anche per variabili casuali correlate. Non meraviglierà quindi che sia possibile estrarre molta informazione dalla conoscenza dei soli momenti del primo e del secondo ordine di un processo casuale.

Si supponga ad esempio di valutare la media aritmetica dei valori che un processo casuale discreto X_i assume per indici compresi tra $-N$ a N

$$Y_{2N+1} = \frac{1}{2N+1} \sum_{i=-N}^{N} X_i \tag{3.2}$$

La media Y_{2N+1} è una variabile casuale di cui, se possibile, vorremmo calcolare la densità di probabilità. Poiché in generale questo è un problema difficile, potremmo accontentarci di trovare valore medio e varianza. Le variabili casuali X_i saranno in generale correlate, almeno per valori degli indici vicini tra loro. Tuttavia si può calcolare il valore medio di Y_{2N+1} come somma dei valori medi[2]

$$E[Y_{2N+1}] = \frac{1}{2N+1} \sum_{i=-N}^{N} E[X_i]\, dt \tag{3.3}$$

e dunque basta conoscere $E[X_i]$, detto *valore medio del processo*, per ogni i compreso tra $-N$ e N.

Per calcolare il valore medio di Y_{2N+1}^2 basta scrivere il quadrato della somma come somma doppia (occorre usare indici diversi per le due somme)

[2]si ricordi che perché il valore medio di una somma sia uguale alla somma dei valori medi non sono richieste né l'indipendenza né l'incorrelazione

e poi scambiare valore medio e somme:

$$
\begin{aligned}
E[Y_{2N+1}^2] &= \frac{1}{(2N+1)^2} E\left[\sum_{i=-N}^{N} X_i \sum_{j=-N}^{N} X_j\right] = \\
&= \frac{1}{(2N+1)^2} E\left[\sum_{i=-N}^{N} \sum_{j=-N}^{N} X_i X_j\right] = \\
&= \frac{1}{(2N+1)^2} \left[\sum_{i=-N}^{N} \sum_{j=-N}^{N} E[X_i X_j]\right]
\end{aligned}
\tag{3.4}
$$

Dunque basta conoscere il valore medio $E[X_i X_j]$ del prodotto di variabili casuali prese a coppie, per ogni coppia di indici i e j tra $-N$ e N. Tale valore medio è una funzione di i e di j, e viene detta *funzione di autocorrelazione* o più semplicemente *autocorrelazione* del processo.

Il caso continuo è del tutto analogo, sostituendo integrali alle somme. La media dei valori che un processo casuale $X(t)$ assume nell'intervallo di tempo da $-T$ a T è

$$
Y_{2T} = \frac{1}{2T} \int_{-T}^{T} X(t)\, dt \tag{3.5}
$$

Come nel caso discreto si calcola il valore medio di Y_{2T} come somma dei valori medi

$$
E[Y_{2T}] = \frac{1}{2T} \int_{-T}^{T} E[X(t)]\, dt \tag{3.6}
$$

per cui basta conoscere il *valore medio del processo* $E[X(t)]$ per ogni t nell'intervallo tra $-T$ e T. Per calcolare il valore medio di Y_{2T}^2 si scrive il quadrato dell'integrale come integrale doppio (occorre indicare le due variabili di integrazione con simboli diversi) e si scambiano valore medio e integrale:

$$
\begin{aligned}
E[Y_{2T}^2] &= \frac{1}{4T^2} E\left[\int_{-T}^{T} X(t_1)\, dt_1 \int_{-T}^{T} X(t_2)\, dt_2\right] = \\
&= \frac{1}{4T^2} E\left[\int_{-T}^{T} \int_{-T}^{T} X(t_1) X(t_2)\, dt_1\, dt_2\right] = \\
&= \frac{1}{4T^2} \int_{-T}^{T} \int_{-T}^{T} E[X(t_1) X(t_2)]\, dt_1\, dt_2
\end{aligned}
\tag{3.7}
$$

ed è quindi richiesta l'autocorrelazione $E[X(t_1)X(t_2)]$ del processo per tutti i t_1 e t_2 compresi tra $-T$ e T.

In modo analogo si potrebbero calcolare (se esistono) i momenti di ordine superiore, sia nel caso discreto sia nel caso continuo, ma il costo del calcolo aumenta: i momenti di ordine k richiedono somme o integrali k-pli di momenti di ordine k del processo.

Come si vede la trattazione di processi casuali discreti e continui è molto simile. Nel seguito per non duplicare l'esposizione si farà riferimento al solo caso continuo.

3.4 Processi casuali stazionari

Se il meccanismo casuale che produce il processo non cambia nel tempo, è ragionevole attendere che per tutti gli N e per ogni N-pla $t_1, \ldots, t_N$ sia

$$\boxed{f_{X(t_1+t_0),\ldots,X(t_N+t_0)}(x_1,\ldots,x_N) = f_{X(t_1),\ldots,X(t_N)}(x_1,\ldots,x_N)} \tag{3.8}$$

che è come dire che la descrizione statistica del processo non dipende dalla scelta dell'origine dei tempi. In tal caso il processo è detto *stazionario in senso stretto*. Spesso la (3.8) è verificata solo per le densità del primo e del secondo ordine ($N = 1, 2$). In tale caso il processo è detto *stazionario in senso lato*.

Per capire meglio cosa significa la stazionarietà è utile pensare ai modi più semplici per perdere questa caratteristica. Ad esempio sommando a un processo stazionario una funzione $g(t)$ deterministica, non costante, la *ddp* è traslata di $g(t)$ e la stazionarietà è persa. Anche moltiplicando $X(t)$ per una funzione $g(t)$ la *ddp* risulta modificata, e diventa funzione di t.

Un altro modo per perdere la stazionarietà è integrare il processo $X(t)$ fissando un estremo, per esempio in $t = 0$:

$$Y(t) = \int_0^t X(t)\,dt \tag{3.9}$$

È evidente che $Y(0) = 0$ non è casuale, mentre il generico $Y(t)$ lo è. La *ddp* di $Y(t)$ dipende quindi da t. Questo semplice esempio mostra che è possibile che $X(t)$, derivata di un processo non stazionario $Y(t)$, sia un processo stazionario.

Osserviamo infine che un processo può essere stazionario solo se ha durata infinita. Ecco perché spesso conviene supporre che la durata sia infinita, anche se siamo interessati ad un intervallo di tempo finito.

3.4.1 Valore medio e autocorrelazione di processi stazionari

Per un processo stazionario (almeno in senso lato) la *ddp* $f_{X(t)}(x)$ non dipende da t, e quindi non dipende da t neppure il valore medio

$$\boxed{m_X = E[X(t)] = \int_{-\infty}^{\infty} x f_{X(t)}(x)\, dx} \tag{3.10}$$

La densità congiunta di $X(t_1)$ e $X(t_2)$ dipende solo dalla differenza $t_2 - t_1$. Quindi anche l'autocorrelazione

$$\boxed{\begin{aligned} R_X(t_1, t_2) = E[X(t_1)X(t_2)] = \\ = \int_{-\infty}^{\infty}\int_{-\infty}^{\infty} x_1 x_2 f_{X(t_1)X(t_2)}(x_1, x_2)\, dx_1\, dx_2 \end{aligned}} \tag{3.11}$$

è funzione di $t_2 - t_1$. L'autocorrelazione viene quindi indicata, con evidente abuso di notazione, con $R_X(t_2 - t_1)$ o anche, ponendo $\tau = t_2 - t_1$, con

$$\boxed{R_X(\tau) = E[X(t)X(t+\tau)]} \tag{3.12}$$

Si noti che la dipendenza da t è solo apparente. Il risultato non è funzione di t e quindi si può scegliere per il calcolo un t qualsiasi.

Il valore dell'autocorrelazione nell'origine $R_X(0) = E[X^2(t)]$ viene familiarmente detto *potenza del processo*. Molti processi casuali hanno valore medio nullo, e quindi varianza e potenza del processo vengono usati come sinonimi.

È evidente che, essendo il processo stazionario, l'autocorrelazione è una funzione simmetrica:

$$\boxed{R_X(-\tau)} = E[X(t)X(t-\tau)] = E[X(t+\tau)X(t)] = \boxed{R_X(\tau)} \tag{3.13}$$

Inoltre osservando che $E[(X(t) \pm X(t+\tau))^2] \geq 0$ e che quindi

$$\begin{aligned} E[(X(t) \pm X(t+\tau))^2] = E[X^2(t)] + E[X^2(t+\tau)] \pm \\ \pm 2E[X(t)X(t+\tau)] = 2R_X(0) \pm 2R_X(\tau) \geq 0 \end{aligned} \tag{3.14}$$

si ottiene facilmente che la funzione di autocorrelazione di qualsiasi processo deve soddisfare le condizioni

$$\boxed{|R_X(\tau)| \leq R_X(0) \qquad \text{per ogni } \tau} \tag{3.15}$$

Quando si considerano due processi casuali stazionari si può definire la *correlazione mutua*[3]

$$R_{XY}(\tau) = E[X(t)Y(t+\tau)] \tag{3.16}$$

Questa funzione non ha particolari simmetrie.

3.4.2 Ergodicità in senso lato

Dato un processo stazionario $X(t)$, si riconsideri la variabile casuale (3.5), che per T tendente all'infinito viene detta *componente continua* o *valore medio temporale* della realizzazione $X(t)$. Si può dimostrare che il limite per T tendente all'infinito esiste con probabilità 1. Tuttavia potrebbe essere diverso da una realizzazione all'altra. Il valore medio di Y_{2T} è

$$E[Y_{2T}] = \frac{1}{2T}\int_{-T}^{T} E[X(t)]\,dt = \frac{1}{2T}\int_{-T}^{T} m_X\,dt = m_X \tag{3.17}$$

e non dipende da T. Il valore medio di Y_{2T}^2 è

$$\begin{aligned} E[Y_{2T}^2] &= \frac{1}{4T^2}\int_{-T}^{T}\int_{-T}^{T} R_X(t_2-t_1)\,dt_1\,dt_2 = \\ &= \frac{1}{2T}\int_{-2T}^{2T} R_X(\tau)\left(1-\frac{|\tau|}{2T}\right)d\tau \end{aligned} \tag{3.18}$$

dove si è usato il cambiamento di variabili $t_1 - t_2 = \tau$. Sottraendo il quadrato del valore medio si ottiene

$$\sigma_{Y_{2T}}^2 = \frac{1}{2T}\int_{-2T}^{2T} C_X(\tau)\left(1-\frac{|\tau|}{2T}\right)d\tau \tag{3.19}$$

dove si è introdotta la *autocovarianza* del processo

$$C_X(\tau) = R_X(\tau) - m_X^2 \tag{3.20}$$

---

[3]per uniformità di notazione c'è chi preferisce scrivere l'autocorrelazione $R_X(\tau)$ come $R_{XX}(\tau)$; ecco anche giustificato il prefisso *auto* nell'autocorrelazione di un processo: si tratta della correlazione del processo $X(t)$ con sé stesso

Il punto interessante è che se l'integrale da $-\infty$ a ∞ dell'autocovarianza è finito la varianza di Y_{2T} tende a zero per T tendente all'infinito, cioè che anche per i valori medi temporali delle realizzazioni vale la legge debole dei grandi numeri

$$\lim_{T\to\infty} P(|Y_{2T} - m_X| > \varepsilon) = 0 \tag{3.21}$$

Si noti che $C_X(\infty) = 0$ equivale a $R_X(\infty) = m_X^2$, ovvero al fatto che $X(t)$ e $X(t+\tau)$ tendano a diventare incorrelati per $\tau \to \infty$. Sia pur detto in modo impreciso, ciò significa che il processo ha memoria finita.

Quando la media temporale delle realizzazioni

$$\lim_{T\to\infty} \frac{1}{2T} \int_{-T}^{T} X(t)\, dt \tag{3.22}$$

coincide con probabilità 1 con il valore medio $E[X(t)] = m_X$ si ha l'*ergodicità* del valore medio.

In modo analogo si potrebbe investigare sull'uguaglianza tra l'autocorrelazione d'insieme $R_X(T) = E[X(t)X(t+\tau)]$ e la *autocorrelazione temporale* della singola realizzazione

$$\lim_{T\to\infty} \frac{1}{2T} \int_{-T}^{T} X(t)X(t+\tau)\, dt \tag{3.23}$$

(anche questo limite esiste con probabilità 1). Per questa analisi, più complessa, occorre conoscere i momenti del quarto ordine del processo. Quando anche l'autocorrelazione temporale coincide con probabilità 1 con l'autocorrelazione d'insieme si ha l'*ergodicità in senso lato.*

3.4.3 Ergodicità in senso stretto

Si dice *ergodico in senso stretto* un processo casuale in cui le medie temporali di *tutti* gli ordini coincidono con probabilità 1 con le corrispondenti medie d'insieme. Risulta (ma non è il caso di dimostrarlo qui) che un processo è ergodico in senso stretto se l'insieme delle sue realizzazioni non ha sottoinsiemi stazionari in senso stretto aventi probabilità diversa da 1 o da 0.

L'ergodicità può essere verificata conoscendo le medie d'insieme. Tuttavia in molti casi si hanno buone ragioni per assumerla a priori, e quindi l'ergodicità viene utilizzata per determinare le medie d'insieme da misure eseguite su una singola realizzazione.

3.4.4 Esempi di processi casuali

Vediamo ora alcuni semplici esempi di processi casuali.

Esempio 3.4.1. Il processo più semplice che si possa proporre, ma anche il più inutile, prevede che si estragga una variabile casuale A con *ddp* nota, ad esempio uniforme tra 0 e 1, e si ponga $X(t) = A$ su tutto l'asse dei tempi. Le realizzazioni del processi sono dunque delle funzioni costanti, con ampiezza casuale. Le infinite variabili casuali $X(t)$ coincidono. Il valore medio, l'autocorrelazione e l'autocovarianza del processo sono

$$m_X = E[X(t)] = E[A] = \frac{1}{2} \tag{3.24}$$

$$R_X(\tau) = E[X(t)X(t+\tau)] = E[A^2] = \frac{1}{3} \tag{3.25}$$

$$C_X(\tau) = R_X(\tau) - m_X^2 = \frac{1}{12} \tag{3.26}$$

Il processo è evidentemente stazionario[4], ma non ergodico. Infatti la media temporale della singola realizzazione vale A, ed è quindi casuale e *non* coincide con m_X. Ciò trova conferma nel fatto che l'integrale dell'autocovarianza è infinito.

Esempio 3.4.2. Un esempio un po' più serio, in cui si hanno davvero infinite variabili casuali, è quello in cui il processo ha solo due valori $X(t) = \pm 1$ ma cambia segno ad ogni evento di *Poisson*. Tali eventi si susseguono al ritmo medio di ν al secondo. In altre parole, l'intervallo di tempo tra due successivi cambiamenti di segno è una variabile casuale esponenziale con valore medio $1/\nu$. Per simmetria si vede facilmente che il valore medio di $X(t)$ è nullo. Indicando con K il numero di eventi di *Poisson* tra t e $t+\tau$ (o tra $t+\tau$ e t, se $\tau < 0$) si ha poi

$$\begin{aligned} R_X(\tau) &= E[X(t)X(t+\tau)] = 1 \cdot P\big(X(t+\tau) = \\ &= X(t)\big) - 1 \cdot P\big(X(t+\tau) = -X(t)\big) = \\ &= P(K \text{ pari}) - P(K \text{ dispari}) = \exp(-2\nu|\tau|) \end{aligned} \tag{3.27}$$

(il calcolo è lasciato come esercizio). Le variabili casuali $X(t)$ e $X(t+\tau)$ sono fortemente correlate se $\nu\tau \ll 1$ (in tale caso è molto probabile che non vi siano eventi di *Poisson* e quindi che le due variabili casuali abbiano lo stesso valore),

[4]non si confonda *stazionario* con $X(t)$ costante! stazionarietà significa che le *ddp* sono invarianti rispetto a una traslazione dell'asse temporale

e praticamente incorrelate se $\nu\tau \gg 1$ (le probabilità di un numero pari o dispari di eventi di *Poisson* sono quasi uguali). Il processo ha memoria praticamente finita, la funzione di autocovarianza ha integrale finito e si ha l'ergodicità del valore medio: con probabilità 1 le realizzazioni hanno valore medio temporale nullo, uguale al valore medio del processo. Si potrebbe mostrare che il processo è ergodico in senso stretto.

La potenza del processo $R_X(0)$ è pari a 1, qualunque sia l'intervallo medio tra eventi $1/\nu$, ma si può osservare che quanto più piccolo è $1/\nu$ tanto più stretta è la funzione di autocorrelazione.

Esempio 3.4.3. Si modifichi il processo precedente supponendo che ad ogni istante di *Poisson* $X(t)$ assuma un valore casuale indipendente da tutti i precedenti, tratto da una *ddp* $f(x)$ simmetrica rispetto allo zero. Il valore medio m_X di $X(t)$ non dipende quindi da t ed è nullo. Se tra t e $t+\tau$ non vi sono eventi le variabili casuali $X(t)$ e $X(t+\tau)$ coincidono. Altrimenti sono indipendenti e il valore medio del prodotto è nullo. L'autocorrelazione è quindi data da

$$\begin{aligned} R_X(\tau) &= E[X(t)X(t+\tau)] = E[X^2]P(\text{nessun evento tra } t \text{ e } t+\tau) = \\ &= \sigma_X^2 \exp(-\nu|\tau|) \end{aligned} \tag{3.28}$$

Anche questo processo ha memoria praticamente finita, la funzione di autocovarianza ha integrale finito e si ha l'ergodicità del valore medio: con probabilità 1 le realizzazioni hanno valore medio temporale nullo, uguale al valore medio del processo. Si potrebbe mostrare che il processo è ergodico in senso stretto.

Anche in questo processo (ma è un fatto generale) la funzione di autocorrelazione è tanto più stretta quanto più rapidi sono i cambiamenti di valore del processo.

Questi primi esempi di processi non del tutto banali aiutano a capire che in un processo casuale *serio*, cioè di qualche interesse pratico, non c'è un vasto insieme di funzioni casuali prefissate $X(t)$ fra cui l'esperimento casuale sorteggia. Sono invece i meccanismi casuali del processo che generano in modo casuale e a priori imprevedibile la funzione $X(t)$ che viene osservata.

Esempio 3.4.4. Un esempio famosissimo di processo è il *rumore termico*, dato dalla piccola tensione di rumore che è possibile misurare a vuoto ai capi di un conduttore e che è dovuta all'agitazione termica dei portatori di carica. La tensione istantanea è la sovrapposizione di un numero enorme di effetti che nascono dal movimento, del tutto imprevedibile, ad esempio degli elettroni. Ogni breve tratto di una realizzazione è quindi diverso da tutti quelli già visti, eppure ci sono proprietà statistiche comuni che consentono al teorema del limite centrale di entrare in azione, e a noi di fare previsioni.

La sovrapposizione di un numero enorme di contributi fa sì che la *ddp* del processo sia gaussiana, e che anche le *ddp* congiunte siano gaussiane. Il valore medio è nullo, per simmetria del movimento caotico degli elettroni. Il movimento è poi così rapido che l'autocorrelazione del processo si annulla per valori di τ piccolissimi, dell'ordine di $10^{-11} \div 10^{-10}$ s. Il valore di $R_X(0)$, cioè la potenza del processo, può essere calcolato con considerazioni termodinamiche troppo complesse per essere qui riportate[5].

3.5 Processi casuali gaussiani

Un processo si dice *gaussiano* se le *ddp* di tutti gli ordini sono congiuntamente gaussiane. Sono molto frequenti in natura, nei casi in cui la quantità $X(t)$ osservata sia la somma di un numero sufficientemente grande di contributi indipendenti, come avviene ad esempio per il rumore termico.

Per i processi gaussiani è fondamentale il fatto che la *ddp* congiunta di $X_1, \ldots, X_N$ è individuata dal vettore dei valori medi e dalla matrice delle covarianze. Considerando per semplicità solo processi stazionari, tutti i valori medi sono uguali al valore medio m_X del processo e le covarianze $E[X(t_i)X(t_k)] - m_X^2$ sono date da $C_X(t_k - t_i)$. Basta quindi conoscere i momenti del primo e del secondo ordine per avere una conoscenza completa del processo.

Inoltre operazioni lineari su variabili casuali congiuntamente gaussiane producono variabili casuali congiuntamente gaussiane, di cui basta calcolare analoghi momenti per avere una descrizione statistica completa.

[5]il rumore termico è stato studiato in modo approfondito negli anni '20 del secolo scorso, poco dopo l'invenzione degli amplificatori a tubi elettronici, in seguito alla scoperta che non si poteva amplificare a piacere un segnale comunque debole: si amplificava anche il rumore termico, e questo prevaleva se il segnale desiderato era troppo debole; successivamente si è scoperto che i circuiti elettronici generano anche altri tipi di rumore

Se ad esempio si opera su un processo casuale $X(t)$ una trasformazione lineare che produce il processo casuale $Y(t)$ basta sapere calcolare il valore medio e l'autocovarianza (o l'autocorrelazione) del processo $Y(t)$. Nel seguito non si darà il risultato generale, che richiede conoscenze sull'analisi dei sistemi lineari sia nel dominio del tempo sia nel dominio delle frequenze, ma ci si accontenterà di qualche esempio.

Esempio 3.5.1. Una semplice operazione lineare sul processo $X(t)$ consiste nel sommare a $X(t)$ una sua replica ritardata del tempo t_0:

$$Y(t) = X(t) + X(t - t_0) \tag{3.29}$$

Il valore medio del processo $Y(t)$ è

$$m_Y = E[X(t) + X(t - t_0)] = 2m_X \tag{3.30}$$

e l'autocorrelazione è

$$\begin{aligned} R_Y(\tau) &= E[(X(t) + X(t - t_0))(X(t + \tau) + X(t + \tau - t_0))] = \\ &= E[X(t)X(t + \tau)] + E[X(t)X(t + \tau - t_0)] + \\ &+ E[X(t - t_0)X(t + \tau)] + E[X(t - t_0)X(t + \tau - t_0)] = \\ &= 2R_X(\tau) + R_X(\tau - t_0) + R_X(\tau + t_0) \end{aligned} \tag{3.31}$$

In modo analogo si tratterebbe il caso $Y(t) = X(t) - X(t - t_0)$ o qualunque altra combinazione lineare, anche con pesi diversi, di un numero qualsiasi di repliche di $X(t)$ traslate nel tempo. Ad esempio se

$$Y(t) = \frac{1}{4}X(t + t_0) + \frac{1}{2}X(t) + \frac{1}{4}X(t - t_0) \tag{3.32}$$

con semplici calcoli si ottiene $m_Y = m_X$ e

$$\begin{aligned} R_Y(\tau) = \frac{1}{16}R_X(\tau + 2t_0) + \frac{1}{4}R_X(\tau + t_0) + \frac{3}{8}R_X(\tau) + \\ + \frac{1}{4}R_X(\tau - t_0) + \frac{1}{16}R_X(\tau - 2t_0) \end{aligned} \tag{3.33}$$

Esempio 3.5.2. Anche l'operazione di derivazione è lineare:

$$Y(t) = \frac{dX(t)}{dt} = \lim_{\varepsilon \to 0} \frac{X(t + \varepsilon) - X(t)}{\varepsilon} \tag{3.34}$$

Poiché abbiamo visto che derivare un processo non stazionario può dare un processo stazionario, consideriamo per maggior generalità un processo $X(t)$ generico. Per il valore medio si ha[6]

$$m_Y(t) = \lim_{\varepsilon \to 0} E\left[\frac{X(t+\varepsilon) - X(t)}{\varepsilon}\right] = \frac{dm_X(t)}{dt} \tag{3.35}$$

Per l'autocorrelazione conviene calcolare prima la correlazione mutua

$$R_{XY}(t_1, t_2) = \lim_{\varepsilon \to 0} E\left[X(t_1)\frac{X(t_2+\varepsilon) - X(t_2)}{\varepsilon}\right] = \frac{\partial R_X(t_1, t_2)}{\partial t_2} \tag{3.36}$$

e poi

$$\begin{aligned} R_Y(\tau) &= \lim_{\varepsilon \to 0} E\left[\frac{X(t_1+\varepsilon) - X(t_1)}{\varepsilon} Y(t_2)\right] = \\ &= \frac{\partial R_{XY}(t_1, t_2)}{\partial t_1} = \frac{\partial^2 R_X(t_1, t_2)}{\partial t_1 \partial t_2} \end{aligned} \tag{3.37}$$

Se il processo $X(t)$ è stazionario, ricordando che $\tau = t_2 - t_1$ si ha

$$R_Y(\tau) = -\frac{d^2 R_X(\tau)}{d\tau^2} \tag{3.38}$$

Le proprietà viste in queste esempi sono valide in generale, anche per processi non gaussiani. Tuttavia sono particolarmente importanti nel caso gaussiano perché è solo in questo caso che la conoscenza del valore medio e dell'autocorrelazione fornisce una descrizione completa del processo. Fortunatamente i processi casuali gaussiani, così comodi per la descrizione statistica e per il calcolo, sono anche molto frequenti nelle applicazioni.

3.6 Esercizi

Esercizio 3.1. Se il processo $X(t)$ è stazionario, $Y(t) = X(t)\cos 2\pi f_0 t$ (con $f_0 > 0$) è stazionario?

Esercizio 3.2. Se il processo $X(t)$ è stazionario, $Y(t) = X(t - t_0)$ (con $t_0 \neq 0$) è stazionario?

[6] scambiando valore medio e limite; non discutiamo quali siano le condizioni perché ciò sia lecito

Esercizio 3.3. Data una sequenza di eventi di *Poisson* con ritmo medio di ν eventi al secondo, sia K il numero di eventi in un intervallo di tempo di durata τ. Si mostri che $P(K \text{ pari}) - P(K \text{ dispari}) = \exp(-2\nu\tau)$. *Suggerimento*:

$$P(K \text{ pari}) - P(K \text{ dispari}) = \sum_{k=0}^{\infty} \frac{(-\lambda)^k}{k!} \exp(-\lambda) = \dots$$

Esercizio 3.4. Si consideri il processo non stazionario in cui $X(0) = 0$ e $X(t_2) - X(t_1)$ è uguale al numero di eventi di *Poisson*, con intervallo medio $1/\nu$, tra t_1 e t_2 (con $t_2 > t_1$). Si calcolino il valore medio e l'autocorrelazione. *Suggerimento*: se si scrive $X(t_2)$ come $X(t_1) + \big(X(t_2) - X(t_1)\big)$ i due termini della somma sono indipendenti.

Esercizio 3.5. Se $X(t)$ è un processo gaussiano stazionario a valore medio nullo, si calcoli l'autocorrelazione di $Y(t) = X^2(t)$. *Suggerimento*: si veda l'esercizio 2.63.

Esercizio 3.6. Sia $X'(t)$ la derivata rispetto al tempo del processo stazionario $X(t)$. Si mostri che $E[X(t)X'(t)] = 0$ (se tale valore medio esiste). *Suggerimento*: la funzione di autocorrelazione $R_X(\tau)$ è simmetrica.

Esercizio 3.7. Un processo casuale gaussiano ha valore medio $m_X = 1$ e autocovarianza $C_X(\tau)$ nota. Si calcoli $E[X^3(t)]$.

Esercizio 3.8. Un processo casuale gaussiano ha valore medio nullo e autocorrelazione $R_X(\tau) = \exp\left(-\frac{\tau^2}{2}\right)$. Si calcoli $P(X'(t) > 1)$.

Esercizio 3.9. $X(t)$ e $Y(t)$ sono processi casuali gaussiani indipendenti, con valore medio nullo e potenza σ^2. Si calcolino valore medio e potenza di $Z(t) = X(t)\big(1 + Y(t)\big)$.

Esercizio 3.10. $X(t)$ è un processo casuale gaussiano con valore medio nullo. Si calcoli

$$\frac{E[|X(t)|]}{\sqrt{E[X^2(t)]}}$$

e si mostri che è indipendente dalla potenza del processo.

Esercizio 3.11. Si calcoli l'autocorrelazione di $Z(t) = X(t) + Y(t)$, dove i processi $X(t)$ e $Y(t)$ sono stazionari e indipendenti.

Esercizio 3.12. Si calcoli l'autocorrelazione di $Z(t) = X(t)Y(t)$, dove i processi $X(t)$ e $Y(t)$ sono stazionari e indipendenti.

Capitolo 4

Introduzione alla stima

In questo breve capitolo si introducono alcuni problemi relativi alla stima di parametri di una distribuzione a partire da osservazioni sperimentali, ed alla stima di variabili casuali non osservate a partire da variabili casuali osservate.

4.1 Stima di parametri di una distribuzione

Una prima classe di problemi di stima è relativa all'individuazione di parametri sintetici di una distribuzione, come il valore medio e la varianza, oppure di parametri che specificano la distribuzione all'interno di una classe, come ad esempio la probabilità di successo di una distribuzione di *Bernoulli*.

4.1.1 Media e varianza campionaria

Si supponga di avere una *popolazione*, ovvero un insieme molto grande di "oggetti" a cui sono associate quantità misurabili. È ragionevole pensare a queste quantità come variabili casuali. L'approccio statistico consiste nel selezionare casualmente un sottoinsieme solitamente molto ridotto di "oggetti", detto *campione*, e analizzarne ad esempio il valore medio, per trarre indicazioni sul valore medio dell'intera popolazione. Occorre naturalmente molta cura nella selezione del campione. Non è affatto facile operare in modo che ogni elemento della popolazione abbia uguale probabilità di essere selezionato. Ciò è fonte di innumerevoli possibili errori in statistica.

Si modella l'estrazione del campione come l'esecuzione N volte di uno stesso esperimento casuale che produce una realizzazione della variabile casuale X di interesse. A rigore le estrazioni non sono indipendenti. Si tratta infatti di estrazioni *senza reinserzione*, perché lo stesso "oggetto" non può essere estratto due volte. Tuttavia di solito il campione è molto più piccolo della popolazione, e le estrazioni sono trattate come se fossero indipendenti. Ciò equivale ad assumere che la popolazione sia infinita.

Si è visto in un precedente capitolo che la media aritmetica dei risultati negli N esperimenti

$$\boxed{M = \frac{1}{N}\sum_{i=1}^{N} X_i} \tag{4.1}$$

che in statistica viene detta *media campionaria*, è una variabile casuale con valore medio $E[M] = E[X] = m_X$ e varianza $\sigma_M^2 = \sigma_X^2/N$. La densità è gaussiana se N è sufficientemente grande. In pratica basta che N sia pari a qualche decina per poter usare con buona confidenza l'approssimazione gaussiana del teorema del limite centrale.

Naturalmente non avrebbe senso stimare il valore medio nei casi in cui sia già noto, ad esempio se per un qualche motivo fisico si sa che il valore medio della grandezza di interesse è certamente nullo. In questo caso una stima V della varianza di X è

$$V = \frac{1}{N}\sum_{i=1}^{N}(X_i - m_X)^2 \tag{4.2}$$

dove m_X è il valore medio. È evidente che V è una variabile casuale, il cui valore medio

$$E[V] = \frac{1}{N}\sum_{i=1}^{N} E[(X_i - m_X)^2] = \sigma_X^2 \tag{4.3}$$

coincide con la varianza della popolazione.

Molto più spesso il valore medio m_X non è noto a priori, e viene stimato mediante la media campionaria M. Gli scostamenti $X_i - M$ dalla media campionaria non sono indipendenti, perché M è funzione di tutti gli X_i. La somma dei quadrati può essere scritta come

$$\sum_{i=1}^{N}(X_i - M)^2 = \sum_{i=1}^{N} X_i^2 - 2M\sum_{i=1}^{N} X_i + NM^2 = \sum_{i=1}^{N} X_i^2 - NM^2 \quad (4.4)$$

che consente abbastanza facilmente di calcolarne il valore medio[1]

$$E\left[\sum_{i=1}^{N} X_i^2 - NM^2\right] = N(m_X^2 + \sigma_X^2) - N\left(m_X^2 + \frac{\sigma_X^2}{N}\right) = (N-1)\sigma_X^2 \quad (4.5)$$

Quindi una stima campionaria della varianza della popolazione è

$$\boxed{V = \frac{1}{N-1}\sum_{i=1}^{N}(X_i - M)^2} \quad (4.6)$$

Si usa dire che tale stimatore è *non polarizzato*, perché il valore medio della stima è corretto. Se invece si dividesse per N lo stimatore sarebbe *polarizzato*.

Se N è piccolo distinguere tra $N-1$ ed N potrebbe sembrare importante. Non si dimentichi però che V è comunque soggetto ad un errore casuale, perché $X_1, \ldots, X_N$ sono casuali. Solitamente l'errore che si commette dividendo per N anziché $N-1$ è molto minore dell'inevitabile errore casuale. Ad esempio stimando la varianza da $N = 10$ campioni di una variabile casuale gaussiana con varianza unitaria si sono ottenuti, in cinque diversi tentativi, i seguenti risultati: 0.816, 0.78, 1.42, 0.613, 1.17. Dividendo per N anziché $N-1$ si sarebbe ottenuto: 0.735, 0.702, 1.27, 0.552, 1.05. Difficile dire cosa è peggio: neppure la prima cifra significativa è affidabile. Non si deve stimare la varianza con così pochi campioni!

Ripetuto l'esperimento con $N = 1000$, lo stimatore non polarizzato ha fornito 0.943, 1.06, 1.01, 0.992, 1.06. Come si vede, l'errore di stima è ben maggiore di una parte per mille. Distinguere tra N e $N-1$ è pura illusione.

[1]ricordiamo ancora una volta che il valore medio della differenza è uguale alla differenza dei valori medi anche se i due termini *non* sono indipendenti

4.1.2 Stima di parametri a massima verosimiglianza

In molti casi si hanno fondati motivi per ritenere che una variabile casuale X abbia una *ddp* di tipo noto, ma con un parametro ϑ (o più parametri $\vartheta_1, \vartheta_2, \ldots$) da determinare.

Ad esempio in molti fenomeni fisici il numero di eventi in un tempo prefissato è ben descritto da una distribuzione di *Poisson*, di cui però occorre individuare il valore medio. In assenza di altre informazioni è necessario osservare i risultati sperimentali $X_1, \ldots, X_N$ in un numero N sufficientemente grande di prove, e da questi *stimare* il valore medio.

Per descrivere l'intervallo di tempo tra guasti di un componente di una macchina è spesso usata la *ddp* esponenziale. Per la descrizione completa della *ddp* basta ricavare il valore medio della variabile casuale. Anche in questo caso si tratta di stimare il valore medio dai risultati sperimentali.

Quando la variabile casuale osservata è la somma di un grande numero di contributi che si possono ritenere indipendenti il modello più appropriato per la *ddp* è gaussiano. Valore medio e varianza dovranno essere stimati dai risultati sperimentali $X_1, \ldots, X_N$.

Se il parametro della *ddp* da stimare è il valore medio m, eseguiti N esperimenti indipendenti che producono $X_1, \ldots, X_N$, si può certamente utilizzare come stimatore l'usuale media aritmetica

$$\hat{m} = \frac{1}{N} \sum_{i=1}^{N} X_i \tag{4.7}$$

che fornisce una variabile casuale $\hat{m}$ il cui valore medio è m e la cui varianza è σ_X^2/N. Si noti che questo stimatore non richiede alcuna ipotesi sulla forma della *ddp*, e quindi se questa è nota potrebbero esistere stimatori migliori.

Una tecnica efficiente, e spesso semplice, è la *stima a massima verosimiglianza*, che sceglie come valore del parametro quello che rende massima la *ddp* congiunta nel punto $X_1, \ldots, X_N$ ottenuto dall'esperimento. Sia $f(x_1, \ldots, x_N|\vartheta)$ la *ddp* di $X_1, \ldots, X_N$ se il valore del parametro è ϑ. Si cerca il valore di ϑ che rende massimo $f(X_1, \ldots, X_N|\vartheta)$, cioè fra tutte le densità candidate si sceglie quella per cui sono più probabili i valori $X_1, \ldots, X_N$ effettivamente estratti. Poiché la N-pla $X_1, \ldots, X_N$ è casuale anche il valore stimato del parametro ϑ è una variabile casuale, di cui si potranno valutare valore medio e varianza per giudicare la bontà dello stimatore.

Nel caso discreto la *ddp* congiunta è sostituita dalla probabilità congiunta $P(X_1, \ldots, X_N|\vartheta)$. Se le N prove sono indipendenti *ddp* congiunta e probabilità congiunta sono date dal prodotto delle marginali.

Il parametro ϑ non è una variabile casuale, ma solo un parametro sconosciuto. Non è infatti definito un esperimento casuale che produca valori diversi di ϑ da una esecuzione all'altra, e non è assegnata una densità $f(\vartheta)$. Tuttavia può essere di aiuto all'intuizione la seguente interpretazione, certamente un po' forzata: si supponga che la natura scelga per noi un valore casuale di ϑ, con *ddp* uniforme in un qualche intervallo sconosciuto. Non è chiaro perché la *ddp* di ϑ dovrebbe essere uniforme, ma ogni altra ipotesi è ancora più ingiustificata. Avendo osservato $X_1, \ldots, X_N$ cerchiamo il valore più probabile di ϑ. Il massimo rispetto a ϑ di

$$f(\vartheta|X_1, \ldots, X_N) = \frac{f(X_1, \ldots, X_N|\vartheta)f(\vartheta)}{f(X_1, \ldots, X_N)} \tag{4.8}$$

si ottiene proprio per il valore di ϑ fornito dallo stimatore a massima verosimiglianza.

Esempio 4.1.1. Nell'i-esima esecuzione indipendente di un esperimento che dà successo con probabilità p si ponga $X_i = 1$ in caso di successo e $X_i = 0$ altrimenti. La distribuzione di X_i è univocamente determinata dal parametro sconosciuto p.

La probabilità congiunta è il prodotto delle marginali, ciascuna delle quali è data da

$$P(X_i|p) = \begin{cases} 1-p & X_i = 0 \\ p & X_i = 1 \end{cases} \tag{4.9}$$

Quindi si deve individuare il valore di p che rende massimo

$$P(X_1, \ldots, X_N|p) = \prod_{i=1}^{N} P(X_i|p) = p^{\sum_{i=1}^{N} X_i} (1-p)^{N-\sum_{i=1}^{N} X_i} \tag{4.10}$$

Derivando questa espressione (oppure il suo logaritmo) rispetto a p si ottiene rapidamente il valore migliore di p

$$\hat{p} = \frac{1}{N} \sum_{i=1}^{N} X_i \tag{4.11}$$

che non è altro che il rapporto tra il numero di successi e il numero di prove. La stima a massima verosimiglianza in questo caso non fornisce nulla di inatteso. Ricordiamo che il valore medio e la varianza di $\hat{p}$ valgono rispettivamente p e $p(1-p)/N$.

Esempio 4.1.2. Avendo eseguito N esperimenti indipendenti si vuole stimare il valore medio λ di una variabile casuale discreta che si ritiene avere una distribuzione di *Poisson*.

Si deve individuare il valore di λ che rende massimo

$$\begin{aligned} P(X_1, \ldots, X_N|\lambda) = \prod_{i=1}^{N} P(X_i|\lambda) = \prod_{i=1}^{N} \exp(-\lambda)\frac{\lambda^{X_i}}{X_i!} \equiv \\ \equiv \exp(-N\lambda)\, \lambda^{\sum_{i=1}^{N} X_i} \end{aligned} \tag{4.12}$$

dove si sono ignorati il denominatori, che non dipendono dal parametro λ da stimare. È poi quasi immediato ottenere il (non sorprendente) risultato

$$\hat{\lambda} = \frac{1}{N}\sum_{i=1}^{N} X_i \tag{4.13}$$

Dunque per stimare il valore medio di una variabile casuale il metodo della massima verosimiglianza suggerisce sempre la media aritmetica dei risultati? Non sempre, come mostra l'esempio seguente.

Esempio 4.1.3. Si ritiene che una variabile casuale abbia *ddp* uniforme tra 0 e A, con A sconosciuto. Si potrebbe stimare il valore medio $A/2$ e moltiplicare per 2, ottenendo

$$\hat{A} = \frac{2}{N}\sum_{i=1}^{N} X_i \tag{4.14}$$

È poi facile verificare che il valore medio di $\hat{A}$ è uguale ad A, e che la varianza della stima è data da

$$\sigma_{\hat{A}}^2 = \frac{A^2}{3N} \tag{4.15}$$

Per determinare lo stimatore a massima verosimiglianza, basta osservare che poiché

$$f(X_i|A) = \begin{cases} \frac{1}{A} & X_i \leq A \\ 0 & \text{altrimenti} \end{cases} \tag{4.16}$$

il valore di A che rende massimo il prodotto di N di tali densità è il minimo possibile:

$$\hat{A} = \max(X_1, \ldots, X_N) \tag{4.17}$$

Infatti non si può scegliere un valore minore perché si azzererebbe il prodotto delle densità. Il risultato è inatteso, e quindi merita qualche approfondimento. Anzitutto si può osservare che il valore medio di $\hat{A}$ non coincide con A. Infatti la *ddp* di $\hat{A}$, cioè del massimo delle N variabili casuali X_i, è (nell'intervallo tra 0 e A)

$$f_{\hat{A}}(x) = NF_X^{N-1}(x) f_X(x) = N\left(\frac{x}{A}\right)^{N-1}\frac{1}{A} = \frac{Nx^{N-1}}{A^N} \tag{4.18}$$

e quindi si ottiene

$$E[\hat{A}] = \int_0^A x\,\frac{Nx^{N-1}}{A^N}\,dx = \frac{N}{N+1}\,A \tag{4.19}$$

Si usa dire che questo stimatore è *polarizzato*, cioè soggetto ad un errore sistematico, sovrapposto all'errore casuale dello stimatore. Tuttavia la polarizzazione, cioè la differenza tra il valore medio di $\hat{A}$ e il valore vero di A, tende a zero quando N tende all'infinito.

Si può poi esaminare il valore medio del quadrato dell'errore $E[(\hat{A}-A)^2]$. Con qualche calcolo si ottiene

$$E[(\hat{A}-A)^2] = \frac{2A^2}{(N+2)(N+1)} \tag{4.20}$$

ed è molto interessante osservare che decresce con il *quadrato* di N. Lo stimatore a massima verosimiglianza è quindi in questo caso nettamente migliore dello stimatore basato sulla media aritmetica.

Volendo eliminare l'errore dovuto alla polarizzazione si può correggere lo stimatore in

$$\hat{A} = \frac{N+1}{N}\max(X_1, \ldots, X_N) \tag{4.21}$$

e valutare il nuovo valore medio del quadrato dell'errore, ottenendo (con qualche calcolo)

$$E[(\hat{A}-A)^2] = \frac{A^2}{N(N+2)} \tag{4.22}$$

che è circa metà del precedente. Un procedimento abbastanza usuale, dopo aver determinato uno stimatore a massima verosimiglianza, è di valutarne l'eventuale polarizzazione e *depolarizzarlo*.

Esempio 4.1.4. Come ultimo esempio si consideri una variabile casuale gaussiana, di cui sono sconosciuti il valore medio m e la varianza $V = \sigma^2$ che si vogliono stimare a massima verosimiglianza. Si deve trovare il massimo di

$$f(X_1, \ldots, X_N | m, V) = \prod_{i=1}^{N} \frac{1}{\sqrt{2\pi V}} \exp\left(-\frac{(X_i - m)^2}{2V}\right) \tag{4.23}$$

di cui conviene esaminare il logaritmo (depurato dei termini che non dipendono dalle incognite)

$$-\frac{N}{2} \log V - \frac{1}{2V} \sum_{i=1}^{N} (X_i - m)^2 \tag{4.24}$$

Eguagliando a zero le derivate rispetto alle due incognite si ottiene facilmente

$$\hat{m} = \frac{1}{N} \sum_{i=1}^{N} X_i \tag{4.25}$$

e

$$\hat{V} = \frac{1}{N} \sum_{i=1}^{N} (X_i - \hat{m})^2 \tag{4.26}$$

Come si vede la stima della varianza è polarizzata. Eliminando la polarizzazione, cioè dividendo per $N - 1$ anziché N, si ottiene lo stimatore della varianza campionaria (si ricordi che quest'ultimo era stato ottenuto senza alcuna ipotesi sulla densità degli X_i).

4.2 Stima di variabili casuali

Si supponga, in un esperimento che produce due variabili casuali X e X_1 non indipendenti, di poter osservare la variabile casuale X_1 ma non la variabile casuale X, e tuttavia di essere particolarmente interessati al valore di quest'ultima variabile casuale.

Gli esempi sono innumerevoli. Come primo esempio, la variabile casuale X potrebbe essere difficilmente misurabile in modo diretto, e si preferisce misurare X_1 per poi ricavarne una stima di X. Ad esempio è noto che in un collegamento radio a frequenze elevate la pioggia causa un'attenuazione dell'onda radio, che dipende dall'intensità della pioggia[2]. Ci sono situazioni in cui si misura l'intensità di pioggia per avere una stima indiretta dell'attenuazione, ed altre in cui viceversa si misura l'attenuazione per avere una stima indiretta dell'intensità della pioggia.

Come secondo esempio, si potrebbe non avere accesso alla variabile casuale X, ma solo ad una sua versione $X_1 = X + Z$ in cui è presente un disturbo casuale Z (un errore di misura, ad esempio). Tuttavia si desidera stimare nel miglior modo possibile il valore di X. Spesso di una grandezza fisica X sono disponibili N misure $X_1 = X + Z_1, \ldots,$ $X_N = X + Z_N$. Da queste si vuole stimare nel miglior modo possibile X. In questi casi la stima viene solitamente detta *filtraggio*.

$X_1, \ldots, X_N$ potrebbero essere i valori che un processo casuale ha assunto in N istanti di tempo $t_1, \ldots, t_N$ e X potrebbe essere il valore ad un istante intermedio t, in cui non è disponibile la misura. In questi casi si parla di *interpolazione*.

$X_1, \ldots, X_N$ potrebbero essere i valori che un processo casuale ha assunto in N istanti di tempo $t_1, \ldots, t_N$ e X potrebbe essere il valore all'istante futuro t_{N+1}. In questi casi la stima è una *predizione*.

Stima è dunque il termine generico che si usa per problemi di questa natura; filtraggio, interpolazione e predizione sono termini più specifici per varie situazioni in cui si vogliono stimare variabili casuali.

4.2.1 Stima a minimo errore quadratico medio

Si consideri, per semplicità, il caso di due sole variabili casuali: X_1 è la variabile osservata e X quella da stimare. Il valore stimato $\hat{X}$ è una funzione $g(X_1)$, da individuare.

Come misura della qualità della stima si usa quasi sempre l'errore quadratico medio[3], cioè il valore medio del quadrato della differenza tra la

[2]molti avranno notato che quando piove troppo intensamente la ricezione del segnale della TV da satellite diventa impossibile; il motivo è che il segnale è troppo attenuato

[3]anche il valore medio del modulo della differenza $E[|\hat{X} - X|]$ sarebbe una misura più che ragionevole dell'errore, ma ha il grave difetto di essere molto più difficile da trattare analiticamente

stima $\hat{X}$ e la variabile casuale X

$$e^2 = E[(X - \hat{X})^2] = E[(X - g(X_1))^2] \tag{4.27}$$

Se si sceglie per $\hat{X}$ il valore medio condizionato

$$\hat{X} = g(X_1) = E[X|X_1] = \int_{-\infty}^{\infty} x f_{X|X_1}(x|X_1)\, dx \tag{4.28}$$

si rende minimo il valore medio del quadrato dell'errore dato che si sia osservato X_1, e quindi in media anche per tutti i possibili X_1. Lo stimatore a minimo errore quadratico medio calcola il valore medio di X condizionato alla variabile X_1 osservata.

La generalizzazione a N osservazioni $X_1, \ldots, X_N$ non comporta difficoltà concettuali

$$\begin{aligned} \hat{X} &= g(X_1, \ldots, X_N) = E[X|X_1, \ldots, X_N] = \\ &= \int_{-\infty}^{\infty} x f_{X|X_1,\ldots,X_N}(x|X_1, \ldots, X_N)\, dx \end{aligned} \tag{4.29}$$

ma quasi sempre in pratica risulta troppo complicato calcolare la funzione $g(X_1, \ldots, X_N)$ per ogni N-pla $X_1, \ldots, X_N$. Inoltre è molto raro ottenere tale funzione in forma esplicita, e quindi occorre scriverne i valori in una qualche memoria, da leggere quando è il momento di applicare la funzione stimatrice alle variabili osservate $X_1, \ldots, X_N$.

4.2.2 Stima lineare a minimo errore quadratico medio

A causa della comlessità dello stimatore a minimo errore quadratico medio sono molto apprezzati gli stimatori lineari

$$\hat{X} = a_1 X_1 + \ldots + a_N X_N \tag{4.30}$$

in cui basta preliminarmente individuare nel modo migliore le N costanti $a_1, \ldots, a_N$ e memorizzarle. Quando poi si vuole effettivamente stimare X basta calcolare la somma pesata con coefficienti a_i delle variabili casuali X_i. Le prestazioni dello stimatore lineare non possono evidentemente superare quelle dello stimatore non lineare, ma la semplicità è un forte argomento a favore di questi stimatori.

Per valutare i coefficienti a_i dello stimatore occorre cercare il minimo di

$$E[(X-\hat{X})^2] = E\left[\left(X-(a_1X_1+\ldots+a_NX_N)\right)^2\right] \tag{4.31}$$

Derivando rispetto alle incognite[4] a_i si ottengono le N condizioni

$$E\left[\left(X-(a_1X_1+\ldots+a_NX_N)\right)X_i\right] = 0 \qquad i=1,\ldots,N \tag{4.32}$$

che scritte per esteso appaiono come un sistema di N equazioni lineari:

$$\begin{aligned} &E[X_1^2]a_1 + E[X_1X_2]a_2 + \cdots + E[X_1X_N]a_N = E[XX_1] \\ &E[X_2X_1]a_1 + E[X_2^2]a_2 + \cdots + E[X_2X_N]a_N = E[XX_2] \\ &\ldots \\ &E[X_NX_1]a_1 + E[X_NX_2]a_2 + \cdots + E[X_N^2]a_N = E[XX_N] \end{aligned} \tag{4.33}$$

Le condizioni (4.32) vengono solitamente dette *principio di ortogonalità*. Affermano che l'errore $X-(a_1X_1+\ldots+a_NX_N)$ commesso nella stima lineare di X è ortogonale[5] a tutte le variabili osservate $X_1,\ldots,X_N$.

Si noti che l'errore, essendo ortogonale a ciascuna delle variabili casuali X_i è ortogonale anche ad una qualsiasi combinazione lineare di queste; in particolare si può affermare che *l'errore è ortogonale alla stima*. Questa osservazione consente di semplificare il calcolo dell'errore quadratico medio dello stimatore:

$$\begin{aligned} e^2 &= E\left[\left(X-\hat{X}\right)^2\right] = E\left[\left(X-\hat{X}\right)X\right] - E\left[\left(X-\hat{X}\right)\hat{X}\right] = \\ &= E\left[\left(X-\hat{X}\right)X\right] = E\left[\left(X-(a_1X_1+\ldots+a_NX_N)\right)X\right] = \\ &= E[X^2] - \left(a_1E[XX_1]+\ldots+a_NE[XX_N]\right) \end{aligned} \tag{4.34}$$

Nel caso di una sola variabile osservata X_1 le formule si semplificano ulteriormente perché si ha una sola equazione lineare, di immediata soluzione. Si ottiene

$$a_1 = \frac{E[XX_1]}{E[X_1^2]} \tag{4.35}$$

[4] si deriva l'integrale che calcola il valore medio sotto il segno di integrale: la derivata del valore medio è uguale al valore medio della derivata

[5] due variabili casuali sono dette *ortogonali* se il valore medio del prodotto è nullo; se almeno una delle due variabili casuali ha valore medio nullo l'ortogonalità coincide con l'incorrelazione

$$e^2 = E[X^2] - \frac{(E[XX_1])^2}{E[X_1^2]} \tag{4.36}$$

Una osservazione importante è che per determinare i coefficienti a_i dello stimatore lineare ottimo e per valutarne le prestazioni è sufficiente conoscere i momenti congiunti del secondo ordine delle variabili casuali osservate e da stimare. Non occorre la conoscenza completa della *ddp* congiunta, che è invece richiesta per l'ottima stima non lineare. La determinazione sperimentale dei momenti del secondo ordine è certamente più facile e più affidabile della misura della densità congiunta.

Quando le *ddp* congiunte sono note solo in modo approssimato le prestazioni dello stimatore non lineare peggiorano, e si ha quindi un ulteriore motivo per preferire il più semplice stimatore lineare, che risulta più *robusto*, cioè meno sensibile a eventuali errori nella conoscenza del comportamento congiunto delle variabili casuali.

Quando si hanno buoni motivi per ritenere che la *ddp* sia congiuntamente gaussiana i momenti del secondo ordine sono sufficienti per individuare lo stimatore non lineare ottimo. Tuttavia si può dimostrare che *nel caso gaussiano lo stimatore ottimo è lineare.*

Esempio 4.2.1. Si abbia un processo casuale stazionario, con valore medio nullo e autocorrelazione $R(\tau)$. Si osservi $X_1 = X(t_1)$ e si voglia stimare $X = X(t_1 + \tau)$. La stima è data da $\hat{X} = a_1 X_1$, con

$$a_1 = \frac{E[XX_1]}{E[X_1^2]} = \frac{R(\tau)}{R(0)} = r \tag{4.37}$$

dove $r = R(\tau)/R(0)$ è il coefficiente di correlazione lineare[6] tra $X(t_1)$ e $X(t_1 + \tau)$. L'errore quadratico medio è

$$e^2 = E[X^2] - \frac{(E[XX_1])^2}{E[X_1^2]} = R(0) - \frac{R^2(\tau)}{R(0)} = R(0)(1 - r^2) \tag{4.38}$$

L'errore di predizione è piccolo se la variabile osservata e quella da stimare sono fortemente correlate. Se invece fossero incorrelate lo stimatore fornirebbe un inutile $\hat{X} = 0$.

Si noti infine che nulla cambierebbe se τ fosse minore di zero. In tale caso si parla talvolta di *predizione all'indietro.*

[6] il coefficiente di correlazione è $r = \frac{E[XX_1]}{\sqrt{E[X^2]}\sqrt{E[X_1^2]}}$ ma poiché il processo è stazionario $E[X^2] = E[X_1^2]$

Esempio 4.2.2. Si osserva la variabile casuale $X_1 = X + Y$ dove X è la variabile da stimare e Y è un disturbo indipendente da X. Si tratta di un semplice problema di filtraggio. Per semplicità si supponga che X e Y abbiano valore medio nullo. Si ha $\hat{X} = a_1 X_1$ con

$$a_1 = \frac{E[XX_1]}{E[X_1^2]} = \frac{E[X^2] + E[XY]}{E[X_1^2]} = \frac{\sigma_X^2}{\sigma_X^2 + \sigma_Y^2} \tag{4.39}$$

e l'errore quadratico medio è

$$e^2 = E[X^2] - \frac{(E[XX_1])^2}{E[X_1^2]} = \sigma_X^2 - \frac{\sigma_X^4}{\sigma_X^2 + \sigma_Y^2} = \frac{\sigma_X^2 \sigma_Y^2}{\sigma_X^2 + \sigma_Y^2} \tag{4.40}$$

È utile confrontare l'errore quadratico medio con quello che si avrebbe con la più banale stima lineare $\hat{X} = X_1$. Si otterrebbe[7]

$$e^2 = E[(X - \hat{X})^2] = E[Y^2] = \sigma_Y^2 \tag{4.41}$$

Esempio 4.2.3. Siano disponibili due variabili casuali osservate $X_1 = X + Y$ e $X_2 = X + Z$, dove X è la variabile da stimare. Si tratta ancora di un problema di filtraggio. Si supponga che X, Y e Z siano indipendenti e abbiano valore medio nullo. Si ha $\hat{X} = a_1 X_1 + a_2 X_2$, dove i coefficienti sono determinati dalle condizioni di ortogonalità

$$\begin{aligned} E[X_1^2]a_1 + E[X_1X_2]a_2 &= E[XX_1] \\ E[X_2X_1]a_1 + E[X_2^2]a_2 &= E[XX_2] \end{aligned} \tag{4.42}$$

ovvero

$$\begin{aligned} (\sigma_X^2 + \sigma_Y^2)a_1 + \sigma_X^2 a_2 &= \sigma_X^2 \\ \sigma_X^2 a_1 + (\sigma_X^2 + \sigma_Z^2)a_2 &= \sigma_X^2 \end{aligned} \tag{4.43}$$

da cui si ottiene

$$\begin{aligned} a_1 &= \frac{\sigma_X^2 \sigma_Z^2}{\sigma_X^2\sigma_Y^2 + \sigma_X^2\sigma_Z^2 + \sigma_Y^2\sigma_Z^2} \\ a_2 &= \frac{\sigma_X^2 \sigma_Y^2}{\sigma_X^2\sigma_Y^2 + \sigma_X^2\sigma_Z^2 + \sigma_Y^2\sigma_Z^2} \end{aligned} \tag{4.44}$$

Di queste espressioni la cosa più interessante da osservare è che il rapporto tra i coefficienti a_1 e a_2 è l'inverso del rapporto tra le varianze σ_Y^2 e σ_Z^2. Si può mostrare che ciò vale in generale anche per più di due osservazioni.

[7] attenzione a non usare la (4.36), che è valida solo per lo stimatore ottimo

L'errore quadratico medio è dato da

$$e^2 = E[X^2] - a_1 E[XX_1] - a_2 E[XX_2] = \frac{\sigma_X^2 \sigma_Y^2 \sigma_Z^2}{\sigma_X^2 \sigma_Y^2 + \sigma_X^2 \sigma_Z^2 + \sigma_Y^2 \sigma_Z^2} \tag{4.45}$$

Esempio 4.2.4. Di un processo casuale a valore medio nullo si osservano i valori X_1 e X_2 agli istanti $t = 0$ e $t = T$. Da questi si vuole stimare (cioè interpolare) il valore all'istante $t = T/2$. Le condizioni di ortogonalità sono

$$\begin{aligned} E[X_1^2]a_1 + E[X_1 X_2]a_2 &= E[XX_1] \\ E[X_2 X_1]a_1 + E[X_2^2]a_2 &= E[XX_2] \end{aligned} \tag{4.46}$$

ovvero

$$\begin{aligned} R(0)a_1 + R(T)a_2 &= R(T/2) \\ R(T)a_1 + R(0)a_2 &= R(T/2) \end{aligned} \tag{4.47}$$

che ha come soluzione

$$a_1 = a_2 = \frac{R(T/2)}{R(0) + R(T)} \tag{4.48}$$

L'errore quadratico medio è

$$e^2 = E[X^2] - a_1 E[XX_1] - a_2 E[XX_2] = R(0) - \frac{2R^2(T/2)}{R(0) + R(T)} \tag{4.49}$$

Il calcolo sarebbe decisamente più complesso se si volesse interpolare in un istante di tempo t generico, anziché a metà dell'intervallo. In generale si può dire che i casi di stima lineare ottima in cui si riesce agevolmente a svolgere i calcoli a mano sono veramente pochi, e sono ancora meno se si vuole lo stimatore non lineare.

Stima nel caso di valori medi non nulli

Le considerazioni precedenti valgono anche quando i valori medi delle variabili osservate non sono nulli. Tuttavia è possibile migliorare la stima se si aggiunge a $\hat{X}$ una opportuna costante a_0. Il modo più rapido per riutilizzare quanto già noto è supporre che oltre a $X_1, \ldots, X_N$ sia disponibile una osservazione $X_0 = 1$, variabile casuale con varianza nulla. Per $i = 1, \ldots, N$ si ottengono le solite condizioni di ortogonalità, che naturalmente ora includono anche a_0,

$$E[(X - (a_0 + a_1 X_1 + \ldots + a_N X_N))X_i] = 0 \qquad i = 1, \ldots, N \tag{4.50}$$

e per i=0 si ha l'ulteriore condizione

$$E[(X - (a_0 + a_1 X_1 + \ldots + a_N X_N))] = 0 \qquad (4.51)$$

che in pratica rende nullo il valore medio dell'errore di stima. L'errore quadratico medio viene poi calcolato al solito modo, considerando anche il coefficiente a_0.

Quando si deve fare il calcolo a mano il metodo più comodo consiste nel depurare tutte le variabili casuali dei valori medi, e calcolare i coefficienti $a_1, \ldots, a_N$ utilizzando varianze e covarianze invece dei momenti non centrali. Infine basta scegliere la costante a_0 in modo da annullare il valore medio dell'errore di stima.

Esempio 4.2.5. Si osserva la variabile casuale $X_1 = X + Y$, dove X e Y sono indipendenti ed hanno *ddp* esponenziale con valore medio A e B rispettivamente. L'usuale stimatore lineare è $\hat{X} = a_1 X_1$, dove

$$a_1 = \frac{E[XX_1]}{E[X_1^2]} = \frac{E[X^2] + E[X]E[Y]}{E[X^2] + E[Y^2] + 2E[X][Y]} = \frac{2A^2 + AB}{2A^2 + 2B^2 + 2AB} \qquad (4.52)$$

mentre nello stimatore $\hat{X} = a_0 + a_1 X_1$ il coefficiente a_1 è dato da

$$a_1 = \frac{\sigma_{XX_1}}{\sigma_{X_1}^2} = \frac{\sigma_X^2}{\sigma_X^2 + \sigma_Y^2} = \frac{A^2}{A^2 + B^2} \qquad (4.53)$$

e la costante a_0 è poi ottenuta facilmente imponendo la condizione

$$E[X - \hat{X}] = E[X] - a_0 - a_1 E[X_1] = A - a_0 - a_1(A + B) = 0 \qquad (4.54)$$

La Fig. 4.1 mostra i due stimatori nel caso $A = 1$, $B = 1/5$. Per confronto è anche mostrato l'ottimo stimatore non lineare (la cui derivazione è troppo lunga per essere qui riportata). Disponendo di due coefficienti anziché uno solo, lo stimatore $\hat{X} = a_0 + a_1 X_1$ fornisce una migliore approssimazione dell'ottimo stimatore non lineare. Ciò è confermato dagli errori quadratici medi, che valgono 0.0484 e 0.0385 per i due stimatori lineari e 0.0366 per lo stimatore non lineare. Si ricordi che se non fosse disponibile l'osservazione X_1 la migliore stima di X sarebbe il valore medio, cioè $\hat{X} = 1$, e l'errore quadratico medio sarebbe pari a $\sigma_X^2 = 1$.

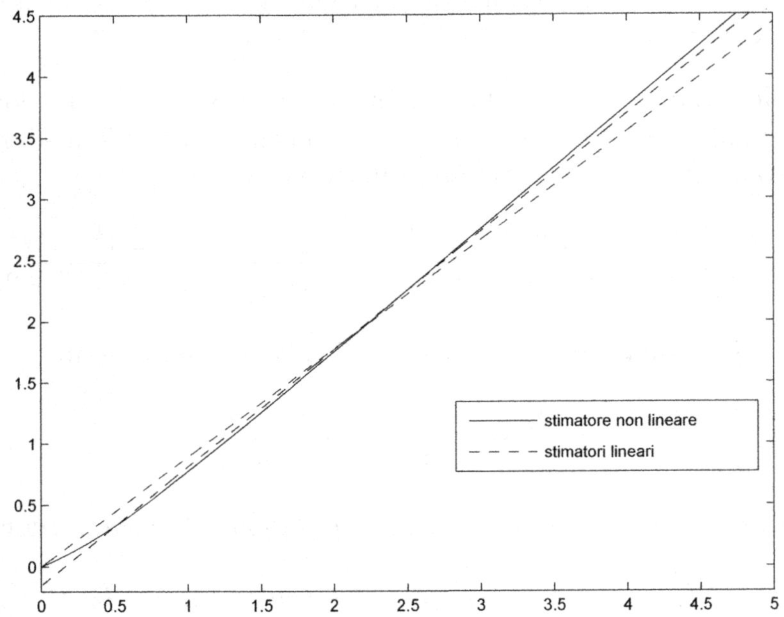

Figura 4.1: Stimatori lineari e stimatore non lineare dell'esempio 4.2.5

Capitolo 5

Simulazione di esperimenti casuali

Una buona conoscenza delle tecniche per il calcolo delle probabilità ha come utile complemento la capacità di valutare sperimentalmente le probabilità di eventi mediante simulazione. Ovviamente non si lanciano monete e dadi, ma si fa eseguire da un calcolatore una serie di prove equivalenti. Ad esempio per simulare un problema come "si lancia 100 volte una moneta onesta; con che probabilità si ottengono 47 teste?" basta far generare un vettore di 100 zeri e uni, equiprobabili e indipendenti, contare gli uni e verificare se sono 47.

Naturalmente per avere una stima della probabilità di 47 teste occorrerà eseguire l'intero esperimento un grande numero di volte, per vedere con quale frequenza si verifica l'evento $\{47 \text{ teste in totale}\}$. La grande velocità di esecuzione dei mezzi di calcolo attuali permette buone stime in tempi brevi. Negli esempi che seguono si userà Matlab, con i suoi generatori di variabili casuali uniformi `rand` e di variabili casuali gaussiane `randn`.

Si può ricorrere alla simulazione per diversi motivi. Ad esempio

- non si riesce a calcolare la probabilità che interessa, oppure si ritiene che un calcolo esatto richiederebbe troppo tempo e fatica, o presenterebbe un rischio non trascurabile di sbagliare. Si preferisce quindi ricorrere alla simulazione

- nel calcolo si è ottenuta una formula chiusa, ma si sono dovute introdurre approssimazioni o ipotesi semplificative (ad esempio l'indipendenza di eventi che non sono perfettamente indipendenti). Si vuole quindi confrontare il risultato con la simulazione, per avere un'idea della affidabilità della espressione approssimata ottenuta
- si crede di disporre del risultato esatto, ma l'analisi è stata lunga e resta il timore che sia sfuggito qualche errore. In questo caso la simulazione serve a rassicurare, oppure a mostrare che il calcolo è da rivedere
- si simulano casi noti per verificare che i generatori di numeri casuali utilizzati dal calcolatore abbiano le dovute caratteristiche (*ddp* desiderata, indipendenza, ecc.). Di solito questo compito è di chi fornisce il software, ma talvolta anche l'utilizzatore può scoprire qualche problema. Nel preparare il semplice esempio 1.1.2 è capitato a chi scrive di scoprire una sorprendente anomalia nel generatore di numeri casuali con *ddp* uniforme di Matlab, che faceva sì che la frequenza degli intervalli di lunghezza 27 fosse sistematicamente errata[1]. Una breve ricerca su internet ha portato a scoprire che altri avevano già individuato il problema, e che nelle più recenti versioni di Matlab il generatore di numeri casuali è stato sostituito

La riproduzione fedele dei risultati dell'esperimento casuale, e quindi anche delle frequenze degli eventi, viene solitamente detta *simulazione Monte Carlo*[2].

Nel seguito vedremo semplici esempi di simulazione Monte Carlo. Per valutare la bontà dei risultati sceglieremo esempi in cui anche l'analisi teorica è facile.

La simulazione Monte Carlo è veloce se si vogliono studiare eventi con probabilità elevata. Bastano relativamente poche prove perché la frequenza misurata sia prossima alla probabilità. Quando invece la probabilità è piccola occorre un numero di prove molto grande. Si ricorderà, dall'esempio 2.2.2, che occorrono circa $1000/p$ prove per avere una precisione del 10% nella misura di p. Per questi casi particolarmente difficili

[1] la cosa buffa era che se nella simulazione un evento con probabilità $p = 0.1$ veniva considerato verificato se `rand(1)<0.1` l'errore si presentava; spariva se invece si usava la condizione, teoricamente equivalente, `rand(1)>0.9`

[2] chiaro riferimento a luoghi in cui si effettuano esperimenti casuali, allo scopo di trasferire denaro dalle tasche di entusiasti volontari al banco

sono state studiate tecniche apposite, che saranno brevemente descritte nel seguito.

5.1 Esempi di simulazione

Vediamo ora alcuni esempi, simulati in Matlab. Di ogni caso diamo i risultati di cinque prove indipendenti, per vedere quanto possa variare la proabilità stimata. Diamo anche, quando possibile, una stima della deviazione standard del risultato, ottenuta dalla simulazione stessa.

Esempio 5.1.1. Come primo esempio prendiamo una parte dell'esercizio 1.7. I sei valori del risultato del lancio di un dado possono essere ottenuti generando una variabile casuale uniforme tra 0 e 1, moltiplicando per 6 e arrotondando all'intero superiore. Possiamo permetterci molte prove, ad esempio centomila. Il programma Matlab potrebbe essere:

```
Nprove=1e5;
r=ceil(6*rand(3,Nprove));
successi=(any(r==6));
P_stim=mean(successi)
dev_stim=std(successi)/sqrt(Nprove)
```

Qualche commento, prima di provare ad eseguire. Per sfruttare al meglio le potenzialità di Matlab con vettori e matrici abbiamo disposto i risultati in una unica matrice 3×100000. `mean(successi)` calcola la media aritmetica e `std(successi)` stima la deviazione standard della variabile casuale di *Bernoulli* `successi`. Poiché mediamo centomila di tali variabili casuali, dividendo per la radice quadrata del numero di prove otteniamo una stima della precisione ottenuta.

Infine osserviamo che non ci importa distinguere tra i sei risultati del dado, ma solo tra sei o altro. Quindi sarebbe bastato generare zeri e uni, questi ultimi con probabilità 1/6, e contare gli uni:

```
x=(rand(3,Nprove)<1/6);
successi=(sum(x)>0);
```

Eseguendo l'esperimento cinque volte si sono ottenuti i risultati 0.422, 0.420, 0.422, 0.419 e 0.421, con deviazioni standard stimate intorno a 0.0016 (compatibili con le probabilità stimate, e con il valore esatto 0.4213).

Commento: quando riportiamo i risultati di una simulazione resistiamo alla tentazione di fornirli con molte cifre significative; sappiamo che sono numeri casuali.

Esempio 5.1.2. Vediamo ora l'esercizio 1.8. Bisogna individuare le prove in cui lanciando due dadi si ottiene almeno un uno, e considerare solo queste (individuate dagli indici `ind`):

```
Nprove=1e5;
r=(rand(2,Nprove)<1/6);
ind=find(sum(r)>=1);
r_cond=r(:,ind);
successi_cond=(sum(r_cond)==2);
P_stim=mean(successi_cond)
dev_stim=std(successi_cond)/sqrt(length(successi_cond))
```

Risultati: 0.090, 0.093, 0.090, 0.091, 0.091. Deviazione stimata: 0.0016. Risultato esatto: 0.0909.

Commento: quando si divide per la radice quadrata del numero di prove per stimare la deviazione standard si devono considerare solo le prove in cui si è verificato l'evento condizionante. L'esperimento condizionato è validamente eseguito solo in questi casi.

Esempio 5.1.3. Consideriamo l'esempio 1.8.2, in cui si estraggono cinque carte da un mazzo di 52, senza reinserzione. Si vuole la probabilità che le prime due estratte siano di cuori e le restanti non siano di cuori.

Poiché non ci interessano i valori delle carte possiamo distinguerle numerandole da 1 a 52, e stabilire che le prime tredici siano le cuori.

Se diamo per scontato che la probabilità di due cuori su cinque, in posizioni qualsiasi, sia $\binom{5}{2} = 10$ volte la probabilità desiderata, ci conviene calcolare la prima: l'evento si verifica più spesso, e quindi otteniamo una stima migliore della probabilità.

Per estrarre le carte senza reinserzione potremmo usare la funzione Matlab `randperm` che genera una permutazione casuale `p` degli interi da 1 a n nel seguente modo (il vettore `ignore` viene ignorato):

```
[ignore,p] = sort(rand(1,n));
```

Noi preferiamo una versione che invece di un vettore generi una matrice contenente tutte le prove. Dunque, permutando le carte del mazzo e prendendo solo le prime cinque:

```
Nprove=1e4;
[ignore,carte] = sort(rand(52,Nprove));
successi=(sum(carte(1:5,:)<=13)==2);
P_stim=mean(successi)
dev_stim=std(successi)/sqrt(Nprove)
```

È un peccato mescolare le 52 carte e utilizzarne poi solo cinque. Cosa succederebbe se in un secondo esperimento usassimo le carte dalla sesta alla decima, in un terzo dalla undicesima alla quindicesima, e così via? Avremmo un numero di prove dieci volte più grande. Le prove non sarebbero indipendenti, ma questo non cambia la probabilità. Può cambiare solo la stima della deviazione standard, a causa della (lieve) dipendenza. Proviamo quindi con

```
Nprove=1e4;
[ignore,carte] = sort(rand(52,Nprove));
carte=reshape(carte(1:50,:),5,Nprove*10);
successi=(sum(carte<=13)==2);
P_stim=mean(successi)
dev_stim=std(successi)/sqrt(Nprove*10)
```

Risultati: 0.274, 0.274, 0.272, 0.273, 0.275. Deviazione stimata: 0.0014. Risultato esatto: 0.2743. Ricordiamoci poi di dividere tutti i risultati per 10.

Commento: se proprio volessimo una stima migliore della deviazione standard negli esperimenti non indipendenti potremmo eseguire l'intero programma molte volte, accumulando i valori di `P_stim` in un vettore, e poi stimare la deviazione standard di questi. Troveremmo che è lievemente più piccola (0.0013) di quella stimata assumendo l'indipendenza dei successi. Effettivamente le dieci prove eseguite con un unico mazzo sono quasi indipendenti.

Esempio 5.1.4. L'esercizio 1.13 propone di calcolare $P(X > Y)$ dove X vale 0 e 1 con uguale probabilità e Y è uniforme tra 0 e 2. In Matlab:

```
Nprove=1e5;
x=(rand(1,Nprove)<0.5);
y=2*rand(1,Nprove);
successi=(x>y);
P_stim=mean(successi)
dev_stim=std(successi)/sqrt(Nprove)
```

Risultati: 0.250, 0.252, 0.251, 0.251, 0.250. Deviazione stimata: 0.0014. Risultato esatto: 0.25.

Esempio 5.1.5. Dell'esercizio 1.14 consideriamo solo la generazione di una variabile casuale con *ddp* $f(x) = 1 - x/2$ $(0 \leq x \leq 2)$. Un primo metodo è basato sulla distribuzione $F(x) = x - x^2/4$. Ponendo $F(x) = 1 - y$ e risolvendo per la radice compresa tra 0 e 2 si ha $x = 2(1 - \sqrt{y})$. In Matlab

```
x=2*(1-sqrt(rand(1,Nprove)));
```

Si può anche usare il metodo *acceptance-rejection*[3] dell'esercizio 1.27:

```
y=2*rand(1,Nprove);
z=2*rand(1,Nprove);
ind=find(z<=1-y/2);
x=y(ind);
```

Il difetto di questo metodo è che una parte delle coppie (y, z) viene scartata. Le coppie accettate sono mediamente solo il 25%.

Un altro metodo semplice è generare una variabile casuale con *ddp* triangolare tra -2 e 2, sommando due variabili casuali uniformi tra -1 e 1. Se poi si prende il modulo del risultato si ottiene la *ddp* desiderata:

```
y=sum(2*rand(2,Nprove)-1);
x=abs(y);
```

Il lettore può verificare la correttezza dei tre metodi tracciando gli istogrammi.

Esempio 5.1.6. Nell'esercizio 1.18 si devono generare variabili casuali X e Y con *ddp* uniforme nel cerchio di raggio unitario, per poi determinare la *ddp* di $Z = X + Y$. Il modo più semplice è generare due variabili casuali indipendenti, uniformi tra -1 e 1, e accettare la coppia solo se $X^2 + Y^2 \leq 1$, condizionando cioè a questo evento. L'unico svantaggio di tale procedura è che si spreca una parte delle coppie generate (è facile vedere che la coppia è accettata con probabilità $\pi/4$). Per semplicità poniamo le due variabili in una matrice di due righe:

```
Nprove=1e5;
x=2*rand(2,Nprove)-1;
```

[3]in italiano accetta-rifiuta, ma la traduzione non è accettata da tutti

```
x=x(:,find(sum(x.^2)<=1));
z=sum(x);
```

Si può poi, con `hist(z,50)`, tracciare l'istogramma suddiviso ad esempio in 50 celle. Si ricordi che nell'istogramma non si divide per il numero delle prove e neppure per la dimensione della cella. Se si vuole un grafico della *ddp*:

```
[N zz]=hist(z,min(z):.02:max(z));
f_stim=N/length(z)/.02;
plot(zz,f_stim)
```

Esempio 5.1.7. Nell'esercizio 1.33 si genera dapprima una variabile casuale X con *ddp* $f(x) = x\exp(-x)$ $(x \geq 0)$ e successivamente una variabile casuale Y con *ddp* uniforme tra 0 e X. Come generare la *ddp* $f(x)$? Il modo più semplice è ottenerla sommando due variabili casuali indipendenti con *ddp* esponenziale e valore medio 1. Infatti la convoluzione di $\exp(-x)$ con sé stessa è proprio $x\exp(-x)$ (si riveda la sezione 2.3.2). Per generare una variabile casuale uniforme tra 0 e X basta poi moltiplicare per X una variabile casuale uniforme tra 0 e 1. Quindi

```
Nprove=1e5;
x=sum(-log(rand(2,Nprove)));
z=x.*rand(1,Nprove);
```

per poi tracciare l'istogramma o la *ddp*.

Esempio 5.1.8. L'esercizio 2.20 presenta l'interessante problema di generare variabili casuali di *Poisson*, con valore medio λ prefissato. Un modo classico per farlo è generare istanti di *Poisson* con ritmo medio di uno per unità di tempo, in un intervallo di durata λ. Poiché i tempi di interarrivo tra eventi di *Poisson* hanno *ddp* esponenziale, si generano sequenzialmente variabili casuali esponenziali con valore medio 1 e si sommano fino a quando si supera λ. La variabile di *Poisson* è pari al numero di esponenziali sommati *prima* di superare λ.

Il metodo è semplice ed elegante, ma poco efficiente se λ è molto grande (bisogna generare e sommare un gran numero di esponenziali). In Matlab nella funzione `poissrnd` è utilizzato questo metodo per λ fino a 15; oltre si usa una ingegnosa variante (si veda `poissrnd.m`). Proviamo con $1/\nu = 5$ e $\lambda = 10$:

```
Nprove=1e5;
ni=0.2;
lambda=10;
x=-log(rand(1,Nprove))/ni;
k=poissrnd(lambda,1,Nprove);
successi=(x>k);
P_stim=mean(successi)
dev_stim=std(successi)/sqrt(Nprove)
```

Risultati: 0.162, 0.164, 0.162, 0.164, 0.163. Deviazione stimata: 0.0012. Risultato esatto: 0.1632.

Esempio 5.1.9. Nell'esercizio 2.31 si devono generare due variabili casuali con distribuzione geometrica. Anche se è disponibile la funzione Matlab `geornd`[4], può essere istruttivo provvedere noi stessi.

La funzione di distribuzione da ottenere è $P(K \leq k) = 1 - q^k$ (si veda la sezione 2.5.8). Basta dunque porre $K = k$ se una variabile casuale uniforme x è compresa tra q^k e q^{k-1}, e quindi $K = \lceil \log x / \log q \rceil$, dove $\lceil \cdot \rceil$ indica l'intero immediatamente superiore (`ceil` in Matlab):

```
Nprove=1e5;
p=0.1;
k=ceil(log(rand(2,Nprove))/log(1-p));
successi=(k(1,:)==k(2,:));
P_stim=mean(successi)
dev_stim=std(successi)/sqrt(Nprove)
```

Risultati: 0.0537, 0.0528, 0.0514, 0.0526, 0.0525. Deviazione: $7 \cdot 10^{-4}$. Risultato esatto: 0.0523.

Esempio 5.1.10. Negli esercizi 2.47 e 2.48 si hanno due variabili casuali X e Y con *ddp* esponenziale con valore medio 1. Si vogliono il valore medio di $Z = X/(X+Y)$ e la *ddp* di Z. In Matlab:

```
Nprove=1e5;
x=-log(rand(2,Nprove));
z=x(1,:)./sum(x);
m_stim=mean(z)
```

[4]attenzione: la funzione `geornd` genera interi tra *zero* e infinito; adotta cioè la convenzione che la variabile casuale geometrica sia il numero di prove effettuate *prima* di ottenere un successo

```
dev_stim=std(z)/sqrt(Nprove)
hist(z,20)
```

Risultati: 0.499, 0.501, 0.499, 0.500, 0.500. Deviazione: $9 \cdot 10^{-4}$. Risultato esatto: 0.5. L'istogramma mostra chiaramente una *ddp* uniforme.

Esempio 5.1.11. Un interessante esempio di eventi sfortunati, che potremmo evitare con un po' di organizzazione, è quello dei tram di *Poisson*: si supponga che i tempi di interarrivo siano distribuiti esponenzialmente, ad esempio con valore medio di 15 minuti. Proviamo a simulare gli istanti di arrivo dei tram e l'istante casuale del nostro arrivo (per comodità di simulazione è lo stesso per tutte le prove, ed è compreso tra 200 e 400). Valutiamo poi il nostro tempo medio di attesa. Generiamo 50 tram per ogni prova. In Matlab (con qualche acrobazia per individuare per ogni prova il primo tram utile):

```
Nprove=1e4;
x=-15*log(rand(50,Nprove));
y=cumsum(x);
z=200+rand(1,1)*200;
[ignore primo]=min((y<z));
attesa=y((0:50:Nprove*50-1)+primo)-z;
m_stim=mean(attesa)
dev_stim=std(attesa)/sqrt(Nprove)
```

Risultati: 14.87, 15.02, 15.00, 15.10, 14.85. Deviazione stimata: 0.15. Valore esatto: 15.

Proviamo anche con la *ddp* triangolare degli intervalli dell'esercizio 2.6. La *ddp* è ottenuta sommando due variabili casuali uniformi:

```
x=sum(15*rand(2,50*Nprove));
x=reshape(x,50,Nprove);
```

Risultati: 8.81, 8.69, 8.88, 8.88, 8.78. Deviazione stimata: 0.06. Valore esatto: 8.75.

Commento: ci si può chiedere se, a parità di intervallo medio fra i tram, esista una distribuzione dei tempi di interarrivo peggiore dell'esponenziale. Il lettore, provando semplici distribuzioni discrete, può verificare che la risposta è affermativa: non c'è limite al peggio.

Esempio 5.1.12. Questo esempio è interessante, perché il risultato che otterremo è sbagliato! Supponiamo di essere in coda in attesa di un servizio di durata casuale X con *ddp* $f(x)$. La coda di fianco ha tempo di attesa Y con *ddp* $f(y)$. Misuriamo la nostra sfortuna con il rapporto $Z = X/Y$. Possiamo stimarne la *ddp*, o più semplicemente il valore medio. Per semplicità prendiamo due variabili casuali uniformi tra 0 e 20. In Matlab:

```
Nprove=1e3;
x=20*rand(2,Nprove);
z=x(1,:)./x(2,:);
m_stim=mean(z)
dev_stim=std(z)/sqrt(Nprove)
```

Risultati: 4.6, 3.1, 3.6, 7.1, 13.6. Siamo davvero molto sfortunati, ma notiamo che le stime sono molto irregolari. Quale è il valore esatto della misura della nostra sfortuna? Come è facile verificare il valore medio del rapporto non esiste (è infinito, se preferiamo)! Non possiamo chiedere alla simulazione di darci una stima affidabile di un valore medio che non esiste.

Commento: non siamo davvero così sfortunati come potremmo credere. Anche chi è nell'altra fila è altrettanto sfortunato, rispetto a noi. È semplicemente sbagliata la misura della sfortuna.

Commento: sono stati proposti altri famosi paradossi relativi alla *persistenza della sfortuna*. Uno classico è: estraiamo una variabile casuale X_0, ad esempio uniforme tra 0 e 1. Poi facciamo estrarre ad un amico variabili casuali X_i con la stessa *ddp*, fino a quando finalmente all'n-esimo tentativo ottiene un risultato minore (che consideriamo peggiore) del nostro. Misuriamo la nostra sfortuna dal valore medio di n. Anche in questo caso la simulazione darebbe risultati poco stabili, perché il valore medio di n è infinito. La cosa a prima vista sorprendente è che il risultato non dipende dalla *ddp* delle variabili casuali. Ma, pensandoci un momento di più, confrontare i valori di X_0 e X_i oppure confrontare $g(X_0)$ e $g(X_i)$, con g funzione monotona crescente (che modifica la *ddp*) è esattamente la stessa cosa.

5.2 Simulazione di eventi rari

A volte occorre simulare eventi con probabilità così bassa che non vi è alcuna speranza di osservarne il verificarsi un numero adeguato di volte nella normale simulazione Monte Carlo con un calcolatore. Se ad esempio la probabilità è 10^{-15}, per averne una stima sia pure piuttosto grezza occorrerebbero tra 10^{16} e 10^{17} prove (anni, decenni, o addirittura secoli di tempo).

Anzitutto, chiediamoci se davvero possono interessarci probabilità così piccole. Se eseguiamo il relativo esperimento poche volte (ad esempio solo un miliardo di volte) quasi sicuramente non vedremo verificarsi l'evento. Poco importa che la probabilità sia 10^{-15} piuttosto che 10^{-18}.

Ma supponiamo ad esempio di osservare un sistema di trasmissione in fibra ottica, che opera al ritmo di 100 Gb/s. Solitamente in questi sistemi si richiede che la probabilità di errore non superi 10^{-15}. In un solo giorno di trasmissione continua abbiamo quasi 10^{16} bit, e quindi è abbastanza probabile che osserviamo errori, e in dieci giorni siamo pressoché sicuri di vederne. In qualche mese possiamo persino ottenere una buona misura della probabilità di errore.

Quale è dunque il problema? Non basta usare come simulatore il sistema stesso di trasmissione in fibra ottica? No, perché prima di costruire gli apparati e poi magari scoprire che non funzionano correttamente ci piacerebbe sapere in anticipo quale sarà la probabilità di errore, mediante la simulazione su un calcolatore.

5.2.1 Simulazione *importance sampling*

Fra le interessantissime tecniche proposte, vediamo brevemente quella più facile da capire ed anche più usata, detta simulazione *importance sampling*. Detta grossolanamente, essa consiste nel modificare la distribuzione di probabilità (la *ddp*, nel caso di variabili casuali) in modo da far verificare gli eventi di interesse molto più spesso di quanto avvenga in realtà. Occorre poi assegnare un *peso* agli eventi, quando questi si verificano.

Un paio di formule matematiche chiariranno meglio. Di solito i problemi più interessanti e più difficili sono quelli multidimensionali. Sia dunque

$\mathbf{x}$ un vettore casuale[5] con *ddp* $f(\mathbf{x})$, e sia $g(\mathbf{x})$ una funzione di $\mathbf{x}$. Sia poi $q(\mathbf{x})$ una generica *ddp*, diversa da $f(\mathbf{x})$, non nulla per ogni $\mathbf{x}$ per cui $f(\mathbf{x}) \neq 0$. Il valore medio di $g(\mathbf{x})$ è dato da un integrale multidimensionale, che possiamo modificare moltiplicando e dividendo per $q(\mathbf{x})$ come segue:

$$E[g(\mathbf{x})] = \int g(\mathbf{x}) f(\mathbf{x})\, d\mathbf{x} = \int g(\mathbf{x}) \frac{f(\mathbf{x})}{q(\mathbf{x})} q(\mathbf{x})\, d\mathbf{x} = \int g(\mathbf{x}) w(\mathbf{x})\, q(\mathbf{x}) \tag{5.1}$$

Si può quindi calcolare il valore medio usando come *ddp* $q(\mathbf{x})$ anziché $f(\mathbf{x})$, purché si corregga $g(\mathbf{x})$ moltiplicando per un peso $w(\mathbf{x})$, funzione di $\mathbf{x}$. Nel gergo dell'*importance sampling* sostituire la vera *ddp* $f(\mathbf{x})$ con un'altra *ddp* $q(\mathbf{x})$ viene detto *polarizzazione*.

Come nella simulazione Monte Carlo, anche nella simulazione *importance sampling* non si calcola poi l'integrale, ma si procede come segue:

- si genera una realizzazione del vettore casuale $\mathbf{x}$, con *ddp* $q(\mathbf{x})$
- si calcolano, e si moltiplicano tra loro, $g(\mathbf{x})$ e $w(\mathbf{x})$
- si ripete un numero adeguato di volte, accumulando i prodotti, e si divide infine per il numero di prove

In altre parole, il valore medio di $g(\mathbf{x})w(\mathbf{x})$ mediato rispetto alla *ddp* $q(\mathbf{x})$ è stimato mediante la media aritmetica dei risultati degli esperimenti.

Come caso particolare, se come funzione $g(\mathbf{x})$ si prende una funzione *indicatrice* $I(\mathbf{x})$, uguale a 1 se è verificato l'evento di interesse e uguale a 0 altrimenti, $E[g(\mathbf{x})] = E[I(\mathbf{x})]$ è semplicemente la probabilità dell'evento.

In tutti i casi pratici $q(\mathbf{x})$ viene scelta in modo che l'evento si verifichi con elevata probabilità in modo che bastino poche prove per avere buone stime. Senza volersi addentrare in profondità in considerazioni sulla scelta della *ddp* $q(\mathbf{x})$, diamo alcune ricette pratiche:

- deve essere facile generare un vettore casuale $\mathbf{x}$ con *ddp* $q(\mathbf{x})$
- deve essere facile calcolare il peso $w(\mathbf{x})$

[5]per semplicità di notazione indichiamo con $\mathbf{x}$ sia il vettore casuale sia l'argomento della *ddp*; ormai siamo esperti

- una buona $q(\mathbf{x})$ è circa centrata su un $\mathbf{x}$ al confine tra il verificarsi e il non verificarsi dell'evento; tra gli $\mathbf{x}$ su questo confine è preferibile quello più vicino agli $\mathbf{x}$ generati dalla *ddp* originale $f(\mathbf{x})$

Naturalmente non sempre si ha una conoscenza sufficientemente accurata dell'insieme dei valori di $\mathbf{x}$ per cui l'evento si verifica. In questi casi la scelta di una buona *ddp* polarizzata $q(\mathbf{x})$ è più difficile, e la tecnica diventa meno efficiente.

Vediamo alcuni esempi semplici, che dovrebbero chiarire la metodologia *importance sampling*.

Esempio 5.2.1. Prendiamo spunto dall'esercizio 2.38. Sommando 100 variabili casuali esponenziali con valore medio unitario, raramente la somma supera 150. Dovremmo pazientemente eseguire cento milioni di prove Monte Carlo per stimare la probabilità di questo evento. Proviamo invece a modificare la *ddp* di $\mathbf{x}$, mantenendola esponenziale per ciascuna componente x_i $(i = 1, \ldots, 100)$ ma con valore medio $1/\nu$ aumentato:

$$q(\mathbf{x}) = \prod_{i=1}^{100} q(x_i) = \prod_{i=1}^{100} \nu \exp(-\nu x_i) \tag{5.2}$$

$$w(\mathbf{x}) = \frac{1}{\nu^{100}} \prod_{i=1}^{100} \exp(-(1-\nu)x_i) = \frac{1}{\nu^{100}} \exp\left(-(1-\nu)\sum_{i=1}^{100} x_i\right) \tag{5.3}$$

Quale valore di ν scegliamo? Sembra ragionevole $\nu = 2/3$ in modo che il valore medio della singola componente sia $1/\nu = 3/2$ e quello della somma sia 150. Ci portiamo proprio al confine tra il verificarsi e il non verificarsi di $\sum x_i > 150$. Proviamo in Matlab, eseguendo solo mille prove:

```
Nprove=1e3;
ni=2/3;
x=-log(rand(100,Nprove))/ni;
w=exp(-(1-ni)*sum(x))/ni^100;
I=(sum(x)>150);
P_stim=mean(I.*w)
dev_stim=std(I.*w)/sqrt(Nprove)
```

Si potrebbe evitare di calcolare $w(\mathbf{x})$ quando $I(\mathbf{x}) = 0$, ma non ne vale la pena. `mean(I.*w)` calcola la media aritmetica sulle mille prove. Infine `std(I.*w)` fornisce una stima della deviazione standard della variabile casuale $I(\mathbf{x})w(\mathbf{x})$. Poiché si mediano mille di queste, dividendo per la radice quadrata del numero delle prove si ottiene una stima della precisione ottenuta.

E ora eseguiamo cinque volte, ottenendo come stime della probabilità rispettivamente $6.2 \cdot 10^{-6}$, $6.3 \cdot 10^{-6}$, $5.8 \cdot 10^{-6}$, $5.6 \cdot 10^{-6}$ e $5.2 \cdot 10^{-6}$. Le cinque stime della deviazione standard, tutte intorno a $5 \cdot 10^{-7}$, sono compatibili con la variabilità dei risultati.

Come si vede il risultato è abbastanza stabile ed accurato, pur avendo eseguito solo mille prove. Potremmo aumentare il numero delle prove, facendo però attenzione a non uscire dalla memoria disponibile. Se ad esempio si volesse eseguire in totale un milione di prove sarebbe opportuno ripetere mille volte il blocco di mille prove accumulando i valori di $I(\mathbf{x})w(\mathbf{x})$. Proviamo? Probabilità stimata $5.91 \cdot 10^{-6}$, deviazione standard stimata $1.4 \cdot 10^{-8}$.

Commento: abbiamo fatto finta di non saperlo, per non rovinare il divertimento, ma in questo caso si sarebbe potuto fare il calcolo esatto anziché simulare. Anzitutto è possibile valutare la *ddp* della somma di 100 variabili casuali esponenziali con valore medio unitario. Si può ottenere il risultato eseguendo la convoluzione[6] di 100 *ddp* $f(x) = \exp(-x)$. Il calcolo, non difficile, dà come risultato $f(y) = y^{99}\exp(-y)/99!$. Poi basta integrare $f(y)$ da 150 a infinito. Si può integrare per parti 99 volte, ottenendo

$$P(y > 150) = \sum_{k=0}^{99} \frac{150^k}{k!} \exp(-150) = 5.924 \cdot 10^{-6} \tag{5.4}$$

(oppure più banalmente si potrebbe integrare numericamente).

Ulteriore commento: l'espressione ottenuta integrando per parti può attirare la nostra attenzione, perché i singoli termini della somma sono uguali alla probabilità che una variabile casuale di *Poisson* con valore medio $\lambda = 150$ assuma il valore k, per $k = 0, \ldots, 99$. È un caso, oppure c'è qualche motivo? Ricordiamo che si può generare una variabile casuale di *Poisson* sommando variabili casuali esponenziali con valore medio 1 fino a quando la somma supera λ, sottraendo poi uno al numero di variabili sommate. Osserviamo inoltre che la somma di cento variabili casuali

[6] se si conoscono le trasformate di Fourier e Laplace il calcolo è più agevole

esponenziali supera 150 (l'evento di cui vogliamo calcolare la probabilità) se e solo se $k \leq 99$, e diventa tutto chiaro.

Commento finale: conoscere il risultato esatto non rende inutile la simulazione *importance sampling*. Avere modo di rendersi conto della accuratezza della simulazione contribuisce ad aumentare la fiducia nella tecnica, per i casi in cui serve davvero.

E se avessimo voluto calcolare $P(y > 200)$? Una rapida serie di mille prove (naturalmente con $\nu = 1/2$) fornisce $P(y > 200) \approx 2.0 \cdot 10^{-15}$, con deviazione stimata di $2 \cdot 10^{-16}$. Si ha un risultato accurato, sempre con sole mille prove, benché la probabilità sia estremamente piccola. Il valore esatto è $1.844 \cdot 10^{-15}$.

Esempio 5.2.2. Riprendiamo il caso precedente, con soglia 200, ma aggiungiamo alle cento variabili casuali esponenziali una variabile casuale gaussiana z con valore medio nullo e deviazione standard $\sigma = 5$. Si può semplicemente cambiare l'istruzione che valuta I:

```
I=(sum(x)+5*randn(1,Nprove)>200);
```

Con mille prove si ottiene $P(y > 200) \approx 2 \cdot 10^{-14}$, e la deviazione stimata è $1 \cdot 10^{-14}$ (non piccola, questa volta). Ripetendo alcune altre volte si ottiene come probabilità stimata $3 \cdot 10^{-14}$, $2 \cdot 10^{-14}$, $3 \cdot 10^{-14}$, $8 \cdot 10^{-14}$. Sarebbe opportuno aumentare il numero delle prove.

Ma c'è un'altra possibilità. Ottenuta dall'esperimento la somma delle variabili casuali esponenziali $\sum x_i$, la probabilità che sommando ulteriormente la variabile casuale gaussiana si superi 200 può essere determinata analiticamente:

$$P\left(\sum x_i + z > 200\right) = P\left(z > 200 - \sum x_i\right) = Q\left(\frac{200 - \sum x_i}{5}\right) \tag{5.5}$$

Modifichiamo quindi ulteriormente l'istruzione:

```
I=Q((200-sum(x))/5);
```

I non è più una funzione indicatrice, ma una probabilità condizionata alla somma delle variabili x_i. Sarebbe meglio cambiare simbolo, ma il calcolatore non protesta. Eseguiamo alcune volte, ottenendo: $4.1 \cdot 10^{-14}$, $4.0 \cdot 10^{-14}$, $3.9 \cdot 10^{-14}$, $3.8 \cdot 10^{-14}$, $3.8 \cdot 10^{-14}$. La deviazione standard stimata è circa $1.7 \cdot 10^{-15}$. Un risultato accurato, con ben poca fatica.

Quale insegnamento possiamo trarre? Se una parte del calcolo può essere fatta analiticamente, otteniamo risultati più precisi se ne approfittiamo. La legge dei grandi numeri funziona fin troppo bene, ma è meglio aiutarla quando possibile.

Esempio 5.2.3. Supponiamo che $\mathbf{x}$ sia un vettore casuale con dieci componenti gaussiane, indipendenti, tutte con varianza unitaria. I valori medi sono tutti nulli eccetto $E[x_1] = 7$. Si vuole calcolare la probabilità che $\mathbf{x}$ cada all'interno della sfera a dieci dimensioni di raggio 7 centrata sul punto di coordinate [-7,0,0,,. . . ,0].

Tale probabilità dovrebbe essere piccola. Se infatti calcolassimo la probabilità $P(x_1 < 0)$ di cadere nel semispazio luogo dei punti più vicini a [-7,0,0,,. . . ,0] che a [7,0,0,,. . . ,0] otterremmo $P(x_1 < 0) = Q(7) = 1.3 \cdot 10^{-12}$. Poiché la sfera è interna al semispazio, la probabilità cercata sarà ancora più piccola. Proviamo con l'*importance sampling*. Per polarizzare la *ddp* spostiamo il valore medio della gaussiana multimensionale sul punto più vicino a [7,0,0,,. . . ,0] del confine della regione di interesse, ovvero in [0,0,0,,. . . ,0]. Si noti che solo la variabile x_1 è polarizzata. Quindi il peso è dato da

$$w(\mathbf{x}) = \frac{f(x_1)}{q(x_1)} = \frac{\exp\left(-\frac{(x_1-7)^2}{2}\right)}{\exp\left(-\frac{x_1^2}{2}\right)} = \exp(-7^2/2)\exp(7x_1) \tag{5.6}$$

In Matlab (10000 prove):

```
Nprove=10000;
x=randn(10,Nprove);
w=exp(-7^2/2)*exp(7*x(1,:));
I=(sum([x(1,:)+7;x(2:10,:)].^2)<7^2);
P_stim=mean(I.*w)
dev_stim=std(I.*w)/sqrt(Nprove)
```

In cinque diverse prove si è ottenuto: $4.8 \cdot 10^{-14}$, $4.2 \cdot 10^{-14}$, $4.5 \cdot 10^{-14}$, $5.4 \cdot 10^{-14}$ e $4.9 \cdot 10^{-14}$. La deviazione standard stimata è $3 \cdot 10^{-15}$.

In questo caso manca il riferimento teorico con cui confrontare il risultato. Occorrerebbe integrare numericamente la *ddp* gaussiana congiunta $f(\mathbf{x})$ nella sfera a dieci dimensioni (compito che affronteremmo malvolentieri).

5.2.2 Osservazioni finali

La scelta della polarizzazione negli esempi presentati sembra ben diversa: in due casi abbiamo mantenuto esponenziali le *ddp* delle componenti x_i ma abbiamo modificato tutti i valori medi (di fatto abbiamo moltiplicato tutte le *ddp* marginali per degli esponenziali); nell'altro abbiamo traslato intorno all'origine una delle *ddp* marginali gaussiane.

Pensandoci meglio, però, tale traslazione è anch'essa una moltiplicazione per un esponenziale. Infatti si ottiene $q(x_1)$ moltiplicando $f(x_1)$ per $1/w(\mathbf{x}) = \exp(24.5)\exp(-7x_1)$, dove la costante moltiplicativa $\exp(24.5)$ serve solo per mantenere unitario l'integrale della *ddp*. Senza la pretesa di avere con questo dimostrato nulla, limitiamoci qui ad affermare che polarizzare la *ddp* $f(\mathbf{x})$ moltiplicando per esponenziali opportuni è spesso una buona scelta.

Per concludere una nota storica: i metodi Monte Carlo sono stati introdotti non solo per stimare probabilità difficili da calcolare, ma anche per il calcolo di complicati integrali multidimensionali. Osservando che

$$\int h(\mathbf{x})\, d\mathbf{x} = \int \frac{h(\mathbf{x})}{q(\mathbf{x})}\, q(\mathbf{x})\, d\mathbf{x} = E\left[\frac{h(\mathbf{x})}{q(\mathbf{x})}\right] \tag{5.7}$$

dove la media è rispetto alla *ddp* $q(\mathbf{x})$, opportunamente scelta, si vede che si può affidare a esperimenti casuali il calcolo dell'integrale: basta estrarre vettori casuali $\mathbf{x}$ con *ddp* $q(\mathbf{x})$, calcolare $h(\mathbf{x})/q(\mathbf{x})$, e valutare la media aritmetica dei valori ottenuti.

Appendice A

Risposte ad alcuni esercizi

Capitolo 1

1.4	$\frac{1}{3}$				
1.5	$\frac{11}{36}$				
1.6	$\frac{5}{8}$	$\frac{3}{4}$			
1.7	0.421	0.398			
1.8	$\frac{1}{11}$				
1.9	$\frac{99}{100}$				
1.10	0.66	0.84	0.97		
1.11	0.04	0.20	0.37	0.30	0.09
	0.05	0.20	0.35	0.29	0.11
	0.04	0.20	0.37	0.30	0.09
1.12	$\frac{1}{8}$				
1.13	$\frac{1}{4}$				

1.14 $f(x|X > 1) = 4 - 2x \quad 1 \leq x \leq 2$

1.15 $f(y) = 1 \quad 0 \leq y \leq 1$

1.16 $f(y) = \begin{cases} \frac{1}{2} & 0 \leq y \leq 1 \\ \frac{1}{2y^2} & y > 1 \end{cases}$

1.17 $f(z) = \begin{cases} z + 1 & -1 \leq z \leq 0 \\ 1 - z & 0 \leq z \leq 1 \end{cases}$

1.18 $f(z) = \frac{\sqrt{2}}{\pi}\sqrt{1-\frac{z^2}{2}} \quad -\sqrt{2} \le z \le \sqrt{2}$

1.19 $f(z) = \int_{-\infty}^{\infty} |y|\, f_{XY}(yz, y)\, dy$

1.21 $f(z) = 2z \quad 0 \le z \le 1$

1.22 $f(u) = 1 \quad 0 \le u \le 1$

1.23 no $\quad f(x) = \exp(-x) \quad x \ge 0 \qquad f(y) = y\exp(-y) \quad y \ge 0$

1.24 $f(y) = Na\exp(-Nay) \quad y \ge 0$

1.26 $Y = -\log(1-X)$ oppure $Y = -\log X$

$Y = \sqrt{-2a^2\log(1-X)}$ oppure $Y = \sqrt{-2a^2\log X}$

1.29 $f(z) = \exp(-\frac{z}{2}) - \exp(-z) \quad z \ge 0$

1.30 $f(x_1) = N\,(1-x_1)^{N-1} \quad 0 \le x_1 \le 1$

1.31 $f(y) = N\,\binom{N-1}{k-1}\, y^{k-1}(1-y)^{N-k} \quad 0 \le y \le 1$

1.33 $f(y) = \exp(-y) \quad y \ge 0$

1.34 $f(z) = \frac{1}{2}\, z^2\exp(-z) \quad z \ge 0$

1.35 $F(y) = (1-\exp(-y\log N))^N \to \exp(-\exp(-(y-1))^{\log N})$

Capitolo 2

Nota: in Matlab si può ottenere la funzione Q come $Q(z) = 0.5\,\mathrm{erfc}(z/\sqrt{2})$

2.2 $P(k) = \binom{500}{k-220}2^{-500} \quad k = 220, \ldots, 720 \qquad E[K] = 470$

2.3 $N = 3600 \quad p = \frac{1}{36} \qquad P(100) = \binom{N}{100}p^{100}(1-p)^{N-100} = 0.0404$

approssimazione gaussiana: $P(100) \approx \frac{1}{\sqrt{2\pi Np(1-p)}} = 0.0405$

approssimazione gaussiana: $a = \frac{-0.5}{\sqrt{Np(1-p)}}$

$P(k \ge 100) \approx Q(a) = 0.52$

2.4 $N = 1000 \quad p = 10^{-3} \qquad P(1) = \binom{N}{1}p(1-p)^{N-1} = 0.3681$

approssimazione di *Poisson*: $\lambda = 1 \quad P(1) \approx \exp(-\lambda) = 0.3679$

2.5 $f_Y(y) = \frac{y f_X(y)}{E[X]} \qquad E[Y] = E[X] + \frac{\sigma_X^2}{E[X]}$

2.6 15 minuti $\qquad$ 8.75 minuti $\qquad$ 8.75 minuti

2.11 $\frac{1}{6}$ $\frac{1}{6}$ $\frac{5}{12}$ $\frac{5}{12}$

2.12 0 $2N$

2.14 sì $E[XY] = 1$ $\sigma_{XY} = 0$

2.20 $\exp(-\lambda(1 - \exp(-\nu))$

2.21 $\frac{4}{45}$

2.22 $E[Y] = \exp(-1)$ $\sigma_Y^2 = \exp(-1) - \exp(-2)$

2.23 $E[W] = 0$ $\sigma_W^2 = \frac{7}{72}$

2.24 N

2.28 $E[Y] = 1$ $f_Y(y) = \exp(-y)$ $y \geq 0$ $E[Y] = 1$

2.30 $\exp(-1) = 0.368$

2.31 $P(K_1 = K_2) = \frac{p^2}{1-q^2} = \frac{p}{2-p} = 0.0526$

da cui $P(K_1 > K_2) = P(K_1 < K_2) = \frac{1-P(K_1=K_2)}{2} = 0.474$

2.32 $E[Z] = E[X]E[Y] = \frac{1}{4}$ $f(z) = -\log z$ $0 < z \leq 1$
da cui $E[Z] = \frac{1}{4}$

2.33 $E[V] = \left(-1\left(\frac{5}{6}\right)^3 + 1 \cdot 3\frac{1}{6}\left(\frac{5}{6}\right)^2 + 2 \cdot 3\left(\frac{1}{6}\right)^2\frac{5}{6} + 3\left(\frac{1}{6}\right)^3\right)1000 =$
$= -\frac{17}{216}1000 = -78.7$

2.36 $E[Y] = 0$ $\sigma_Y^2 = \frac{2N-1}{N^2}\sigma_X^2$

2.37 $E[Y] = 0$ $\sigma_Y^2 = \frac{8N-3}{4N^2}\sigma_X^2$

2.38 $Q(5) = 2.9 \cdot 10^{-7}$

2.39 con l'approssimazione gaussiana: $Q\left(\frac{19.5}{\sqrt{1000}}\right) = 0.269$

nota: ignorando la correzione $\frac{1}{2}$ si ottiene $Q\left(\frac{20}{\sqrt{1000}}\right) = 0.264$

2.41 $f(z,w) = \frac{1}{\sqrt{2\pi\sigma^2}}\exp(-\frac{z^2}{2\sigma^2})\frac{1}{\sqrt{6\pi\sigma^2}}\exp(-\frac{w^2}{6\sigma^2})$

2.42 $f(z|W = 1) = f(z) = \frac{1}{\sqrt{4\pi}}\exp(-\frac{z^2}{4})$

2.43 $f(z) = \frac{1}{\sqrt{2\pi}}\exp(-\frac{z^2}{2})$
X e Z sono incorrelate ma non indipendenti

2.47 $E[Z] = E[U]$ $Z + U = 1$ e quindi $E[Z] = \frac{1}{2}$

2.48 $f(z) = 1 \quad 0 \leq z \leq 1 \quad E[Z] = \frac{1}{2}$

2.49 $E[Z]$ non esiste $\quad f(z) = \frac{1}{(z+1)^2} \quad 0 \leq z < \infty$

2.50 14.7

2.51 $E[Y] = E[N]E[X] \qquad \sigma_Y^2 = E[N]\sigma_x^2 + \sigma_N^2 E^2[X]$

2.52 $f(y) = p\ \exp(-py) \qquad y \geq 0$
$E[Y] = \frac{1}{p} \qquad \sigma_Y^2 = \frac{1}{p^2}$
$E[N]E[X] = \frac{1}{p} \qquad E[N]\sigma_x^2 + \sigma_N^2 E^2[X] = \frac{1}{p} + \frac{1-p}{p^2} = \frac{1}{p^2}$

2.53 $P(N = n) = \binom{n-1}{K-1} p^K (1-p)^{n-K}$

2.54 $f(y) = \frac{1}{\pi(1+y^2)}$

2.55 $p = \frac{1}{3}$

2.56 $2Q\left(\frac{1}{\sqrt{2}}\right) = 0.479$

2.58 $f(x|W = 0) = \frac{1}{\sqrt{4\pi/3}} \exp(-\frac{3x^2}{4})$

2.60 $7.08 \cdot 10^{-40} \qquad 6.53 \cdot 10^{-23}$

2.62 $f_Y(2) = 0 \qquad \lim_{N \to \infty} \sum_{i=1}^{N} \sigma_{X_i}^2 < \infty$

Capitolo 3

3.1 no: $E[Y(t)] = m_x \cos 2\pi f_0 t$ e $E[Y^2(t)] = E[X^2(t)] \cos^2 2\pi f_0 t$

3.2 sì

3.4 $E[X(t)] = \nu t \quad R_X(t_1, t_2) = \nu^2 t_1 t_2 + \nu \min(t_1, t_2)$

3.7 $E[X^3(t)] = 1 + 3C_X(0)$

3.8 $P(X'(t) > 1) = Q(1) = 0.16$

3.9 $E[Z(t)] = 0 \quad E[Z^2(t)] = \sigma^2 + \sigma^4$

3.10 $\sqrt{\frac{2}{\pi}}$

3.11 $R_Z(\tau) = R_X(\tau) + R_Y(\tau) + 2m_X m_Y$

3.12 $R_Z(\tau) = R_X(\tau) R_Y(\tau)$

Appendice B

Soluzioni di alcuni esercizi

Capitolo 1

Esercizio 1.1 È sufficiente osservare che B e $\overline{B}$ sono mutuamente esclusivi e hanno come unione l'evento certo. Si ha quindi

$$P(A) = P(A|B)P(B) + P(A|\overline{B})P(\overline{B}) = P(A|B)(P(B) + P(\overline{B})) = \\ = P(A|B)$$

Esercizio 1.2 Se A e B sono mutuamente esclusivi $P(A, B) = 0$. Se sono indipendenti $P(A, B) = P(A)P(B)$. Ciò è possibile solo se almeno una delle due probabilità è nulla (caso di nessun interesse).

Esercizio 1.3 Si ha $P(A) = 1/2$, $P(B) = 1/2$, $P(C) = P(\mathrm{t,c}) + P(\mathrm{c,t}) = 1/4 + 1/4 = 1/2$. Inoltre $P(A, B) = 1/4 = P(A)P(B)$, $P(A, C) = P(\mathrm{t,c}) = 1/4 = P(A)P(C)$, $P(B, C) = P(\mathrm{c,t}) = 1/4 = P(B)P(C)$. Ma considerando i tre eventi congiuntamente si ha $P(A, B, C) = 0 \neq P(A)P(B)P(C)$.

Esercizio 1.4 Si ha

$$P(A|B) = \frac{P(A, B)}{P(B)} = \frac{P(A)}{P(B)} = \frac{1/4}{3/4} = 1/3$$

Infatti l'intersezione tra A e B coincide con A, e $P(B) = 1 - P(\mathrm{c,c})$.

Esercizio 1.5 Sia C=\{almeno un 6\}. Le undici coppie che compongono l'evento C sono (6,1), ..., (6,6), (1,6), ..., (5,6) (attenzione a non contare due volte la coppia (6,6)). Quindi $P(C) = 11/36$.

$$P(C) = P(A) + P(B) - P(A, B) = 1/6 + 1/6 - 1/36 = 11/36$$

$$P(C) = P(\text{un solo } 6) + P(\text{due } 6) = \binom{2}{1} 1/6 \cdot 5/6 + 1/36 = 11/36$$

$$P(C) = 1 - P(\text{nessun } 6) = 1 - (5/6)^2 = 11/36$$

$$P(C) = P(C|B_1)P(B_1) + P(C|B_2)P(B_2) = 1 \cdot 1/6 + 1/6 \cdot 5/6 = 11/36$$

Esercizio 1.7 Si ha

$$P(\text{almeno un sei}) = 1 - P(\text{nessun sei}) = 1 - (5/6)^3 = 91/216$$

che è nettamente minore di 1/2. Questo non deve meravigliare, perché gli eventi A={sei nel primo lancio}, B={sei nel secondo lancio}, e C={sei nel terzo lancio} *non sono disgiunti*. La probabilità dell'unione è *minore* della somma delle probabilità.

In modo analogo per i 18 lanci di coppie di dadi la probabilità di almeno un doppio sei è $1 - (35/36)^{18} = 0.398$.

Esercizio 1.9

$$P(\text{prima}|\text{rossa}) = \frac{P(\text{rossa}|\text{prima})P(\text{prima})}{P(\text{rossa})} =$$

$$= \frac{99/100 \cdot 1/2}{99/100 \cdot 1/2 + 1/100 \cdot 1/2} = 99/100$$

Esercizio 1.10 Sia A={2 teste} e B={truccata}. Si ha

$$P(B|A) = \frac{P(A|B)P(B)}{P(A)} = \frac{0.7^2 \cdot 1/2}{0.7^2 \cdot 1/2 + 0.5^2 \cdot 1/2} = 0.66$$

In modo analogo si ottiene la probabilità che la moneta sia truccata per 5 teste in 5 lanci (0.84) e 10 teste in 10 lanci (0.97).

Commento: è certamente possibile ottenere tutte teste in 10 lanci di moneta onesta, ma è molto più facile che questo avvenga se la moneta è truccata.

Esercizio 1.11 Nel primo caso, ogni lancio è eseguito con una moneta che dà testa con probabilità $p = 0.5 \cdot 3/4 + 0.7 \cdot 1/4 = 0.55$. La probabilità di k teste è

$$P(k) = \binom{4}{k} p^k (1-p)^{4-k} \qquad k = 0, \ldots, 4$$

Nel secondo caso, condizionando alla moneta estratta e usata per tutte le prove, si ha

$$P(k) = P(k|\text{onesta}) \cdot 3/4 + P(k|\text{truccata}) \cdot 1/4$$

dove

$$P(k|\text{onesta}) = \binom{4}{k} 0.5^k \, 0.5^{4-k} \qquad k = 0, \ldots, 4$$

$$P(k|\text{truccata}) = \binom{4}{k} 0.7^k \, 0.3^{4-k} \qquad k = 0, \ldots, 4$$

Nel terzo caso conviene calcolare le probabilità di k_1 successi nei tre lanci di moneta onesta ($k_1 = 0, \ldots, 3$) e di k_2 successi nel lancio di moneta truccata ($k_2 = 0, 1$), e poi combinare i risultati:

$$\begin{aligned}
P(k=0) &= P(k_1=0)P(k_2=0) \\
P(k=1) &= P(k_1=1)P(k_2=0) + P(k_1=0)P(k_2=1) \\
P(k=2) &= P(k_1=2)P(k_2=0) + P(k_1=1)P(k_2=1) \\
P(k=3) &= P(k_1=3)P(k_2=0) + P(k_1=2)P(k_2=1) \\
P(k=4) &= P(k_1=3)P(k_2=1)
\end{aligned}$$

Esercizio 1.12 È sufficiente individuare la regione del cerchio unitario in cui $Y > X > 0$: un ottavo del cerchio, con angoli compresi tra $\pi/4$ e $\pi/2$. Poiché la *ddp* è uniforme, $P(Y > X > 0) = 1/8$.

Esercizio 1.13 Conviene suddividere l'evento certo negli eventi $\{X = 0\}$ e $\{X = 1\}$:

$$\begin{aligned}
P(X > Y) = {} & P(X > Y|X = 0)P(X = 0) + \\
& + P(X > Y|X = 1)P(X = 1) = 0 \cdot 1/2 + 1/2 \cdot 1/2 = 1/4
\end{aligned}$$

Commento: si sarebbe potuto condizionare ai valori di Y, ottenendo

$$P(X > Y) = \int_0^2 P(X > Y|Y = y) f(y)\, dy = \int_0^1 1/2 \cdot 1/2 \, dy = 1/4$$

Esercizio 1.14 Anzitutto la probabilità dell'evento condizionante è

$$P(X > 1) = \int_1^2 f(x)\, dx = 1/4$$

Poi si ha

$$f(x|X>1) = \frac{P(x < X \leq x+dx, X>1)}{P(X>1)\,dx} = \begin{cases} 4f(x) & 1 \leq x \leq 2 \\ 0 & \text{altrimenti} \end{cases}$$

Commento: non è altro che la *ddp* $f(x)$ limitata ai soli valori di x consentiti dall'evento condizionante, rinormalizzata in modo da avere integrale unitario.

Esercizio 1.15 Anzitutto $0 < Y \leq 1$, e quindi la *ddp* di Y sarà non nulla solo tra 0 e 1. La funzione $y = g(x) = \exp(-x)$ è monotona e facilmente invertibile: $x = -\log y$. Inoltre $|g'(x)| = \exp(-x) = y$. Quindi si ha

$$f_Y(y) = \frac{f_X(x)}{|g'(x)|} = \frac{\exp(\log y)}{y} = 1 \qquad 0 \leq y \leq 1$$

Commento: soprattutto agli inizi è pericoloso sottintendere i pedici che specificano le variabili casuali X ed Y.

Esercizio 1.16 Si ha $0 < Y < \infty$. La funzione $y = g(x) = \exp(x)$ è monotona e facilmente invertibile: $x = \log y$ e $|g'(x)| = \exp(x) = y$. Quindi

$$f_Y(y) = \frac{f_X(x)}{|g'(x)|} = \frac{\exp(-|\log y|)}{2y} = \begin{cases} \frac{1}{2} & 0 \leq y \leq 1 \\ \frac{1}{2y^2} & y > 1 \end{cases}$$

Esercizio 1.18 La variabile casuale Z è compresa tra $-\sqrt{2}$ e $\sqrt{2}$. In tale intervallo, la regione del cerchio unitario in cui $z < Z \leq z + dz$ è una striscia infinitesima, di lunghezza $2\sqrt{1 - z^2/2}$ e larghezza $dz/\sqrt{2}$. La probabilità $P(z < Z \leq z+dz)$ è data dall'area della striscia, moltiplicata per la *ddp* congiunta $f(x,y) = 1/\pi$, e quindi

$$f(z) = \frac{P(z < Z \leq z + dz)}{dz} = \frac{\sqrt{2}}{\pi}\sqrt{1 - z^2/2} \qquad -\sqrt{2} \leq z \leq \sqrt{2}$$

Si può ottenere lo stesso risultato ad esempio dalla (1.106)

$$f_Z(z) = \int_{x_1}^{x_2} f_{XY}(x, z-x)\,dx = \frac{1}{\pi}(x_2 - x_1)$$

dove x_1 e x_2 sono i valori di x alle intersezioni della retta $x + y = z$ con la circonferenza di raggio unitario. Il calcolo di $x_2 - x_1$ è lasciato al lettore.

Esercizio 1.21 La variabile casuale Z è compresa tra 0 e 1. La regione del cerchio in cui $z < Z \leq z + dz$ è una corona circolare di raggio z, larghezza dz e area $2\pi z\, dz$. Quindi

$$f(z) = \frac{P(z < Z \leq z + dz)}{dz} = 2z \qquad 0 \leq z \leq 1$$

Esercizio 1.22 La variabile casuale U è compresa tra 0 e 1. La regione del cerchio in cui $u < U \leq u + du$ è una corona circolare con raggio interno $\sqrt{u}$ e raggio esterno $\sqrt{u + du}$. Poiché la derivata di $\sqrt{u}$ è $\frac{1}{2\sqrt{u}}$, si ha $\sqrt{u + du} = \sqrt{u} + \frac{du}{2\sqrt{u}}$. La larghezza della corona circolare è $\frac{du}{2\sqrt{u}}$ e quindi l'area è $\pi\, du$. Infine

$$f(u) = \frac{P(u < U \leq u + du)}{du} = 1 \qquad 0 \leq u \leq 1$$

Per calcolare $f_U(u)$ da $f_Z(z)$ si osservi che la funzione $u = z^2$ ha una sola radice $z = \sqrt{u}$ per u compreso tra 0 e 1. Si ha poi $|g'(z)| = 2z$, e quindi

$$f_U(u) = \frac{f_Z(z)}{|g'(z)|} = \frac{2z}{2z} = 1 \qquad 0 \leq u \leq 1$$

in accordo con quanto trovato sopra.

Esercizio 1.23 Le variabili casuali *non* sono indipendenti perché la *ddp* congiunta è diversa da zero in una regione non esprimibile come prodotto cartesiano di regioni R_X e R_Y (si veda l'esercizio 1.20). Ciò è confermato dal calcolo delle *ddp* marginali (attenzione agli estremi di integrazione):

$$f(x) = \int_x^\infty f(x,y)\, dy = \int_x^\infty \exp(-y)\, dy = \exp(-x) \qquad 0 \leq x < \infty$$
$$f(y) = \int_0^y f(x,y)\, dx = \int_0^y \exp(-y)\, dx = y\exp(-y) \qquad 0 \leq y < \infty$$

Esercizio 1.24 Si può procedere come per il calcolo della *ddp* del massimo, con i necessari adattamenti. Il minimo tra le variabili casuali $X_1, \ldots, X_N$ è maggiore o uguale a y se e solo se ciascuna di esse è maggiore o uguale a y, ovvero

$$1 - F_Y(y) = (1 - F_X(y))^N$$

da cui, derivando, si ottiene

$$f_Y(y) = N\left(1 - F_X(y)\right)^{N-1} f_X(y)$$

Nel caso specifico si ha $1 - F_X(y) = \exp(-ax)$ e quindi

$$f_Y(y) = Na\exp(-Nay) \qquad 0 \leq y < \infty$$

ancora esponenziale, però con parametro a moltiplicato per N.

Esercizio 1.25 Per una generica *ddp* $f_X(x)$, se $g(x)$ è monotona crescente si ha la semplice equazione differenziale $f_Y(y)\,dy = f_X(x)\,dx$, da cui integrando si ottiene $F_Y(y) = F_X(x)$. Questa definisce implicitamente in modo univoco il legame tra x e y. Se poi è disponibile la funzione $y = G(F)$ inversa di $F = F_Y(y)$ è possibile scrivere la funzione $g(x)$ in forma esplicita: $y = G(F_X(x))$. Nel caso particolare di *ddp* uniforme tra 0 e 1, $F_X(x) = x$.

Se $g(x)$ è monotona decrescente si ha $f_Y(y)\,dy = -f_X(x)\,dx$, da cui integrando si ottiene $F_Y(y) = 1 - F_X(x)$.

Commento: si noti che nell'integrare si è scelta la costante arbitraria in modo che $F_Y(y)$ e $F_X(x)$ siano funzioni di distribuzione, cioè siano comprese tra 0 e 1.

Esercizio 1.26 Per ottenere una *ddp* esponenziale, scegliendo una $g(x)$ decrescente si ha $F_Y(y) = 1 - \exp(-y) = 1 - x$, da cui $y = -\log x$.

Per la *ddp* di *Rayleigh* si ha $F_Y(y) = 1 - \exp\left(-\frac{y^2}{2a^2}\right) = 1 - x$, da cui $y = a\sqrt{-2\log x}$.

Nel caso di *ddp* gaussiana non sono disponibili in forma esplicita la funzione di distribuzione $F_Y(y)$, né l'inversa.

Esercizio 1.29 I valori possibili per Z vanno da zero a infinito. Dalla (1.104) si ha

$$\begin{aligned} f_Z(z) &= \int_{z/2}^{z} f_{XY}(z-y, y)\,dy = \int_{z/2}^{z} \exp(-y)\,dy = \\ &= \exp(-z/2) - \exp(-z) \qquad 0 \leq z < \infty \end{aligned}$$

Analogamente, se si preferisce la (1.106) si ha

$$\begin{aligned} f_Z(z) &= \int_{0}^{z/2} f_{XY}(x, z-x)\,dx = \int_{0}^{z/2} \exp(-(z-x))\,dx = \\ &= \exp(-z/2) - \exp(-z) \qquad 0 \leq z < \infty \end{aligned}$$

Esercizio 1.33 Nell'intervallo $0 \leq y < \infty$ dei valori possibili si ha, osservando che $f(y|x) = 0$ se $x < y$,

$$f(y) = \int_y^\infty f(y|x) f(x)\, dx = \int_y^\infty \frac{1}{x} x \exp(-x)\, dx = \exp(-y)$$

Capitolo 2

Esercizio 2.2 Il passato non ha più nulla di casuale. Le 500 prove restanti hanno distribuzione binomiale, con valore medio 250. La distribuzione del numero totale di successi è quindi

$$P(k) = \binom{500}{k-220} 2^{-500} \qquad k = 220, \ldots, 720$$

e il valore medio è 220+250=470.

Commento: non si pensi neppure per un momento che i lanci ancora da effettuare possano o debbano compensare in qualche modo i mancati successi del passato.

Esercizio 2.3 La probabilità di un doppio sei nella singola prova è $1/36$. In $N = 3600$ prove la probabilità di 100 successi è data da

$$P(100) = \binom{N}{100} p^{100} (1-p)^{N-100} = 0.0404$$

Volendo evitare il calcolo del coefficiente binomiale si può ricorrere all'approssimazione gaussiana

$$P(100) \approx \frac{1}{\sqrt{2\pi N p(1-p)}} = 0.0405$$

Per la probabilità di 100 o più successi il calcolo esatto dà

$$\sum_{k=100}^{3600} \binom{N}{k} p^k (1-p)^{N-k} = 0.5139$$

e l'approssimazione gaussiana

$$P(k \geq 100) \approx Q(a) = 0.52 \quad \text{dove} \quad a = \frac{-0.5}{\sqrt{Np(1-p)}}$$

Commento: si sarebbe potuto notare che la gaussiana è simmetrica; quindi $P(k < 100) \approx P(k > 100) \approx (1 - P(k = 100))/2 = 0.48$, da cui $P(k \geq 100) \approx 0.52$.

Commento: con i mezzi di calcolo di oggi il calcolo esatto è diventato molto facile; tuttavia semplici approssimazioni possono ancora essere utili per una prima valutazione di massima.

Esercizio 2.4 Il calcolo esatto con $N = 1000$ e $p = 10^{-3}$ dà

$$P(1) = \binom{N}{1} p(1-p)^{N-1} = 0.3681$$

L'approssimazione di *Poisson* con $\lambda = Np = 1$ fornisce

$$P(1) \approx \exp(-\lambda) = 0.3679$$

Commento: il calcolo esatto è facile, ma l'approssimazione è ancora più semplice e davvero molto buona.

Commento al commento: quando si calcolano probabilità non si dia (quasi) mai importanza alla quarta cifra significativa! Non si dimentichi che le probabilità servono per prevedere le frequenze degli eventi, e l'incertezza sulla frequenza è solitamente ben più grande di un parte su diecimila, a meno che il numero di prove sia davvero enorme. Per apprezzare la differenza tra 0.3679 e 0.3681 occorrono almeno cento milioni di prove (e nel nostro esempio una singola prova consiste nell'esecuzione di 1000 esperimenti).

Esercizio 2.5 Accettata l'intuizione che $f_Y(y) = Cyf_X(y)$, l'integrale della *ddp* è unitario se $C\int_{-\infty}^{\infty} yf_X(y)\,dy = 1$, ovvero $C = 1/E[X]$. Si ha poi

$$E[Y] = \int_{-\infty}^{\infty} yf_Y(y)\,dy = C\int_{-\infty}^{\infty} y^2 f_X(y)\,dy = \frac{E[X^2]}{E[X]} = E[X] + \frac{\sigma_X^2}{E[X]}$$

Nel caso di *ddp* esponenziale σ_X^2 è pari al quadrato del valore medio, per cui $E[Y] = 2E[X]$.

Esercizio 2.11 La varianza della somma di variabili casuali indipendenti (e quindi anche incorrelate) è data dalla somma delle varianze. Quindi se ad esempio $Z = X + Y$ si ha $\sigma_Z^2 = \sigma_X^2 + \sigma_Y^2 = 1/6$. Si procede allo stesso modo negli altri casi.

Commento: si evitino alcuni terribili errori, che si vedono commettere troppo spesso

- se $Z = X - Y$, $\sigma_Z^2 = \sigma_X^2 + \sigma_Y^2$, *non* $\sigma_X^2 - \sigma_Y^2$ (basta pensare che $(X - Y)^2 = X^2 + Y^2 - 2XY$, *non* $X^2 - Y^2 \ldots$)

- la varianza di $2Y$ è $4\sigma_Y^2$, *non* $2\sigma_Y^2$ (basta pensare che la varianza è una media di *quadrati*)

- se si ottiene un risultato negativo certamente si è sbagliato il calcolo (una media di quadrati non può essere negativa)

Ecco una perfetta combinazione dei tre errori: la varianza di $Z = X - 2Y$ è $\sigma_Z^2 = \sigma_X^2 - 2\sigma_Y^2 = -1/12$.

Esercizio 2.12 Basta calcolare valore medio e varianza di un solo termine X_iY_i della somma, e moltiplicare per N. $E[X_iY_i] = E[X_i]E[Y_i] = 0$ e quindi $E[Z] = 0$. La varianza di X_iY_i è pari a $E[X_i^2Y_i^2] = E[X_i^2]E[Y_i^2] = 1 \cdot (E[Y_i]^2 + \sigma_{Y_i}^2) = 2$. Infine $\sigma_Z^2 = 2N$.

Esercizio 2.13 Evidentemente è vera la seconda (anche se la prima è esteticamente più gradevole): il valore medio del prodotto di funzioni di variabili casuali indipendenti è pari al prodotto dei valori medi (le due funzioni sono $g(X) = X$ e $h(Y) = 1/Y$). Non c'è alcun motivo perché il valore medio del rapporto di funzioni di variabili casuali indipendenti sia pari al rapporto dei valori medi.

Esercizio 2.14 La *ddp* congiunta è il prodotto di due *ddp* marginali esponenziali, per $x \geq 0$ e $y \geq 0$ rispettivamente. Quindi X e Y sono indipendenti e incorrelate. La correlazione è $E[XY] = E[X]E[Y] = 1$. La covarianza è nulla.

Esercizio 2.20 Conviene condizionare ai valori di K:

$$P(X > K) = \sum_{k=0}^{\infty} P(X > K | K = k) P(K = k) =$$

$$= \sum_{k=0}^{\infty} \exp(-\nu k) \frac{\lambda^k}{k!} \exp(-\lambda) = \exp\left(-\lambda(1 - \exp(-\nu))\right)$$

Esercizio 2.21 Si ha

$$E[Y] = E[X^2] = \int_0^1 x^2\,dx = 1/3$$

$$E[Y^2] = E[X^4] = \int_0^1 x^4\,dx = 1/5$$

$$\sigma_Y^2 = E[Y^2] - E[Y]^2 = \frac{4}{45}$$

Esercizio 2.22 Y è una variabile casuale di *Bernoulli*, che vale 1 con probabilità $p = P(X > 1) = \exp(-1)$. Quindi il valore medio è $E[Y] = p$ e la varianza è $\sigma_Y^2 = p(1-p)$.

Esercizio 2.23 $E[W] = E[XY - ZU] = E[XY] - E[ZU] = 0$. La varianza di W è la somma delle varianze di XY e ZU (che sono uguali). $E[X^2Y^2] = E[X^2]E[Y^2] = 1/9$. $E[XY] = E[X]E[Y] = 1/4$. Infine $\sigma_W^2 = 2 \cdot (1/9 - 1/16) = 7/72$.

Esercizio 2.24 La varianza della somma è pari alla somma delle varianze, ciascuna delle quali è uguale a 1. Quindi $\sigma_Y^2 = N$.

Esercizio 2.27 La regione del piano in cui $z < Z \leq z + dz$ (con $z \geq 0$) è una corona circolare con raggi z e $z + dz$. In tale regione $f(x, y) = \exp(-z^2/2)/(2\pi)$, e quindi $P(z < Z \leq z + dz) = z\exp(-z^2/2)\,dz$ e infine $f(z) = z\exp(-z^2/2)$.

Esercizio 2.28 Si ha (integrando per parti)

$$E[Y] = \int_1^\infty \log x\,\frac{1}{x^2}\,dx = -\log x\,\frac{1}{x}\Big|_1^\infty + \int_1^\infty \frac{1}{x}\,\frac{1}{x}\,dx = 1$$

Per calcolare la *ddp* di Y si osservi anzitutto che $Y \geq 0$. Fissato y, si ha $y = g(x) = \log x$ per $x = \exp(y)$. Inoltre $g'(x) = 1/x$. Quindi

$$f_Y(y) = \frac{f_X(x)}{g'(x)} = \frac{1}{x} = \exp(-y) \qquad y \geq 0$$

Infine il valore medio di tale *ddp* esponenziale, fortunatamente già noto, è uguale a 1.

Commento: la *ddp* di X è un po' strana (ad esempio il valore medio di X non esiste). Un lettore attento potrebbe notare che $f(x)$ non è altro che la *ddp* di $X = 1/U$ dove U è uniforme tra 0 e 1. Ciò mostra che $Y = \log X = -\log U$ ha *ddp* esponenziale.

Esercizio 2.30 Non c'è alcun motivo perché la probabilità di attendere meno di un minuto o più di un minuto siano uguali, anche se mediamente si attende un minuto. Infatti la probabilità di attendere più di un minuto, ottenuta integrando la *ddp*, è $\exp(-1) = 0.368$.

Commento: non inventiamo proprietà che non esistono. Nel dubbio, meglio un piccolo calcolo.

Esercizio 2.31 Per calcolare $P(K_1 = K_2)$ conviene condizionare al valore di una delle due variabili:

$$P(K_1 = K_2) = \sum_{k=1}^{\infty} P(K_1 = K_2 | K_2 = k) P(K_2 = k) =$$

$$= \sum_{k=1}^{\infty} \left(p(1-p)^{k-1}\right)^2 = \ldots = \frac{p}{2-p} = 0.0523$$

Per simmetria $P(K_1 < K_2) = P(K_1 > K_2) = (1 - P(K_1 = K_2))/2 = 0.474$.

Esercizio 2.32 Il calcolo è molto semplice:

$$E[Z] = E[XY] = E[X]E[Y] = 1/4$$

I valori di Z sono compresi tra 0 e 1. La *ddp* di Z è data dalla (1.109):

$$f_Z(z) = \int_0^1 \frac{1}{y} f_{XY}(\frac{z}{y}, y)\, dy = \int_z^1 \frac{1}{y}\, dy = -\log z$$

Attenzione all'estremo inferiore dell'integrale: $f_{XY}(\frac{z}{y}, y) = 1$ se e solo se $\frac{z}{y} \leq 1$, cioè se $y \geq z$.

Infine (integrando per parti) si ottiene

$$E[Z] = -\int_0^1 z \log z\, dz = \ldots = \frac{1}{4}$$

Esercizio 2.33 Le probabilità di ottenere rispettivamente 0, 1, 2 e 3 volte sei sono calcolabili con la binomiale. Si ottiene: 125/216, 75/216, 15/216 e 1/216. La vincita media nella singola prova è

$$-1\,\frac{125}{216} + 1\,\frac{75}{216} + 2\,\frac{15}{216} + 3\,\frac{1}{216} = -\frac{17}{216}$$

La vincita media in 1000 prove è 1000 volte maggiore. Purtroppo è una vincita negativa.

Come si vede la probabilità di ottenere almeno un sei, cioè di vincere qualcosa, è 91/216, ben minore di 1/2. Perché non è la somma delle tre probabilità dei tre eventi A={sei al primo lancio}, B={sei al secondo lancio} e C={sei al terzo lancio}? Perché i tre eventi *non sono disgiunti*, e quindi $P(A+B+C) < P(A) + P(B) + P(C)$.

Commento: c'è qualcuno che non è ancora convinto? Se si lanciasse il dado sette volte invece di tre, la probabilità di ottenere almeno un sei sarebbe 7/6?

Esercizio 2.34 Basta considerare una variabile casuale X che vale $-\varepsilon$ e ε con uguale probabilità 1/2. Si ha $P(|X| \geq \varepsilon) = 1 = \sigma_X^2/\varepsilon^2$.

Esercizio 2.35 Mentre la varianza di $\frac{1}{N}\sum_{i=1}^{N} X_i - m_X$ tende a zero per $N \to \infty$, e quindi la media aritmetica si discosta sempre meno dal valore medio, la varianza di $\sum_{i=1}^{N} X_i - m_X$ tende a infinito. La probabilità che lo scostamento dal valore medio sia piccolo tende quindi a zero.

Esercizio 2.38 Poiché il valore medio della somma S è 100 e la varianza è $\sigma_S^2 = 100$ ($\sigma_S = 10$), l'approssimazione gaussiana fornisce

$$P(S > 150) \approx Q\left(\frac{150-100}{10}\right) = Q(5) = 2.9 \cdot 10^{-7}$$

Commento: poiché si è abbastanza lontani dal valore medio l'approssimazione gaussiana non è più molto buona. Esistono approssimazioni più adatte a tali casi.

Esercizio 2.41 Il valore medio di W è nullo. La varianza è

$$\sigma_W^2 = 4\sigma_Y^2 + \sigma_X^2 - 4r\sigma_X\sigma_Y = 3\sigma^2$$

e la covarianza è

$$\sigma_{ZW} = E[ZW] = E[X(2Y - X)] = 2r\sigma_X\sigma_Y - \sigma_X^2 = 0$$

Quindi Z e W sono indipendenti. La *ddp* congiunta è il prodotto delle marginali

$$f(z, w) = \frac{1}{\sqrt{2\pi\sigma^2}} \exp\left(-\frac{z^2}{2\sigma^2}\right) \frac{1}{\sqrt{6\pi\sigma^2}} \exp\left(-\frac{w^2}{6\sigma^2}\right)$$

Esercizio 2.42 Si ha $\sigma_{ZW} = E[(X+Y)(X-Y)] = 0$. Le variabili casuali Z e W sono indipendenti, e poiché $\sigma_Z^2 = \sigma_X^2 + \sigma_Y^2 = 2$ si ha

$$f(z|W=1) = f(z) = \frac{1}{\sqrt{4\pi}} \exp\left(-\frac{z^2}{4}\right)$$

Esercizio 2.45 Basta osservare che $\exp(s(x-A))$ è positivo, e che, per ogni $s > 0$, $\exp(s(x-A)) \geq 1$ se $x \geq A$. Si può quindi maggiorare nel seguente modo:

$$P(X \geq A) = \int_A^\infty f(x)\,dx \leq \int_{-\infty}^\infty \exp(s(x-A))f(x)\,dx =$$
$$= \exp(-sA)E[\exp(sX)]$$

Si può dimostrare che se $A \leq m_X$ la diseguaglianza fornisce l'inutile risultato $P(X \geq A) \leq 1$. È invece particolarmente utile per valori di A lontani dal valore medio.

L'altra diseguaglianza si ottiene in modo analogo.

Esercizio 2.47 Per simmetria i valori medi di Z e U sono uguali. Inoltre poiché $Z + U = 1$ si ha $E[Z] + E[U] = 1$ e quindi $E[Z] = 1/2$.

Commento: Z e U non sono ovviamente variabili casuali indipendenti. Tuttavia il valore medio della somma è pari alla somma dei valori medi (una proprietà che merita di essere sottolineata ad ogni occasione).

Esercizio 2.49 Il tentativo di calcolare

$$E[Z] = \int_0^\infty \int_0^\infty \frac{x}{y} \exp(-x)\exp(-y)\,dx\,dy$$

mostra che l'integrale diverge (il valore medio è infinito, se proprio si vuole). Tuttavia si può calcolare la *ddp* di Z

$$f(z) = \int_0^\infty f(z|y)f(y)\,dy = \int_0^\infty y\exp(-zy)\exp(-y)\,dy = \frac{1}{(z+1)^2}$$

che mostra nuovamente che il valore medio non esiste.

Esercizio 2.51 Poiché N è casuale conviene evidentemente condizionare al suo valore. Finché si condiziona, il valore di N *non* è casuale.

Successivamente si media rispetto a N. Si ha

$$\begin{aligned}
&E[Y|N] = NE[X] \\
&E[Y] = E[N]E[X] \\
&E[Y^2|N] = \sigma^2_{Y|N} + E[Y|N]^2 = N\sigma^2_X + N^2E[X]^2 \\
&E[Y^2] = E[N]\sigma^2_X + E[N^2]E[X]^2 \\
&\sigma^2_Y = E[Y^2] - E[Y]^2 = E[N]\sigma^2_X + \sigma^2_N E[X]^2
\end{aligned}$$

Esercizio 2.54 Se si tenta di calcolare

$$E[Y] = \int_{-\pi/2}^{\pi/2} \tan x \, \frac{1}{\pi} \, dx$$

si vede che l'integrale non esiste (la funzione presenta singolarità non integrabili a entrambi gli estremi). Tuttavia si può determinare la *ddp* di Y. La funzione $y = \tan x$ è invertibile univocamente, nell'intervallo di interesse. La derivata è $g'(x) = 1 + \tan^2(x) = 1 + y^2$, e quindi

$$f(y) = \frac{1}{\pi(1 + y^2)}$$

Se ora si ritenta di calcolare

$$E[Y] = \int_{-\infty}^{\infty} y \, \frac{1}{\pi(1 + y^2)} \, dy$$

si trova nuovamente che le singolarità agli estremi non sono integrabili.

Commento: si noti che invece $f(y)$ è integrabile senza difficoltà.

Esercizio 2.58 La variabile casuale W non è evidentemente indipendente da X. Quindi $f(x|W = 0) \neq f(x)$. Osserviamo però che sarebbe facile calcolare $f(w|x)$, e quindi si può procedere come segue:

$$f(x|w) = \frac{f(w|x)f(x)}{f(w)}$$

Si noti che basterà fare il calcolo per $w = 0$. Dato $X = x$, W è una variabile casuale gaussiana con valore medio x e varianza pari a 2 (somma delle varianza di Y e Z). La *ddp* di W, non condizionata, è gaussiana con valore medio nullo e varianza 3 (somma delle varianze di X, Y e Z).

Non resta che svolgere il calcolo, ottenendo con semplici passaggi

$$f(x|W = 0) = \frac{1}{\sqrt{4\pi/3}} \exp(-\frac{3x^2}{4})$$

Capitolo 3

Esercizio 3.4 Indichiamo per brevità $X(t_1)$ e $X(t_2)$ con X_1 e X_2, e supponiamo $t_2 \geq t_1$. Si ha $E[X(t)] = \nu t$ e

$$\begin{aligned} R_X(t_1, t_2) &= E[X_1 X_2] = E[X_1 X_1] + E[X_1(X_2 - X_1)] = \\ &= E[X_1]^2 + \sigma^2_{X_1} + E[X_1]E[X_2 - X_1] = \\ &= (\nu t_1)^2 + \nu t_1 + \nu t_1 \nu(t_2 - t_1) = \nu^2 t_1 t_2 + \nu t_1 \end{aligned}$$

Se $t_2 < t_1$ basta scambiare i due istanti di tempo. Quindi in generale si ottiene

$$R_X(t_1, t_2) = \nu^2 t_1 t_2 + \nu \min(t_1, t_2)$$

Esercizio 3.8 $Y(t) = X'(t)$ è un processo gaussiano con valore medio nullo e autocorrelazione $R_Y(\tau) = -R''_X(\tau)$. La varianza di Y è quindi $\sigma^2_Y = -R''_X(0) = 1$. Infine $P(Y > 1) = Q(1) = 0.16$.

Commento: si eviti di calcolare la funzione $R''_X(\tau)$, per poi porre $\tau = 0$. Basta sviluppare is serie di potenze l'esponenziale per ottenere $R_X(\tau) \approx 1 - \frac{\tau^2}{2}$ e da questa $-R''(0) = 1$.

Esercizio 3.11 Si ha

$$\begin{aligned} R_Z(\tau) &= E[Z(t)Z(t+\tau)] = E[(X(t) + Y(t))(X(t+\tau) + Y(t+\tau))] = \\ &= R_X(\tau) + R_Y(\tau) + 2m_X m_Y \end{aligned}$$

Si noti che i prodotti $X(t)Y(t+\tau)$ e $X(t+\tau)Y(t)$ contribuiscono solo con il prodotto dei valori medi. In molti casi questi sono nulli (o almeno uno dei due è nullo) e quindi manca il termine $2m_X m_Y$.

Esercizio 3.12 Si ha

$$\begin{aligned} R_Z(\tau) &= E[Z(t)Z(t+\tau)] = E[X(t)Y(t)X(t+\tau)Y(t+\tau)] = \\ &= E[X(t)X(t+\tau)]E[Y(t)Y(t+\tau)] = R_X(\tau)R_Y(\tau) \end{aligned}$$

Si noti che si è utilizzata l'indipendenza dei processi $X(t)$ e $Y(t)$: $X(t)$ e $X(t+\tau)$ sono indipendenti da $Y(t)$ e $Y(t+\tau)$.

Made in the USA
Monee, IL
05 November 2026

67811007R10103